JN300228

世界遺産学への招待

安江則子 編著

法律文化社

巻 頭 言

　「世界遺産」という言葉を耳にするようになってからもう20数年にはなるのでしょうか。
ちらほらと聞かれていた言葉が、あちこちで見かける身近な言葉になり、わたしたちの心にしっかりと棲みつくまではあっという間でした。何世紀か後に、20世紀を振り返った人類は、この言葉の発明と素早い流通の過程を、大きな謎として研究することになるのではないでしょうか。これがヒット商品だったなら、発売元のユネスコはたいへんな財をなしていたでしょう。そんな、すべてが商品化する世界で、商品の論理とは異なった論理あるいは精神によって、ある「新しい世界との接し方」ともいうべきものが世界中に浸透したことは、20世紀の奇蹟のひとつといえるのではないでしょうか。ユネスコのもたらしたもうひとつの目立たない奇蹟とともに。
　本書のもととなった立命館大学での公開講座で基調講演をいただいた、松浦晃一郎前ユネスコ事務局長が現役のときに出版された『世界遺産──ユネスコ事務局長は訴える』(2008年、講談社) の帯には「人には守りたいものがある！」というキャッチコピーがあります。これは「世界遺産」の思想を的確に凝縮しているように思えます。そして「人に誇りたいものがある！」「人に見て欲しいものがある！」とも付け加えることができるでしょう。
　それぞれの土地、それぞれの国に、守り、誇り、見せたい歴史的な遺産や心ひく場所がある。そのことを誰もが得心して理解するには、そのそれぞれの遺産や場所の多様性と固有の価値を、先入観や偏見を捨てて認めるだけの、開かれた心と思考が世界に行き渡ることが必要です。そして第二次世界大戦の惨禍のあとに「心の中に平和のとりでを築かなければならない」という宣言とともに設立されたユネスコが、戦後の60数年にわたって、こうした開かれた心と思考が世界で共有されるために努力を続けてきた成果のひとつとして、この「世界遺産」があることはたしかです。これからの世界にとって「世界遺産」とい

う制度そのものが、ユネスコが世界に贈った貴重な遺産となってゆくのかもしれません。ユネスコの努力の基礎にある、それぞれの土地、それぞれの国、それぞれの文化と歴史に固有の価値があるという考え方が明確な思想となり、ユネスコという機関を通じて具体的な制度として運用されるようになった出発点に、人類学の貢献があったとすれば、その分野にささやかながら関わっているこの巻頭言の筆者にとっても、たいへん嬉しく光栄なことです。

　ユネスコ創立60周年を記念して2005年11月にユネスコで開催された国際会議の記録が「ユネスコの60年の歴史」（60 ans d'histoire de l'UNESCO, 2007, UNESCO）という600頁を超える分厚い冊子にまとめられています。その巻頭には松浦事務局長の開会の言葉と、ウクライナやセネガルの大統領など要路の人々の挨拶に続いて、「省察」と題したクロード・レヴィ＝ストロース氏の基調講演が収められています。レヴィ＝ストロース氏は現代人類学を刷新した構造主義の主導者として、そして現代思想に深い影響をあたえた人物として、存命中に書かれた評伝で、フランスの「人間国宝」とまで形容された20世紀の知の巨星と呼ぶにふさわしい学者であり、当時97歳の長命ながら、溌剌として時には辛辣さを失わない思考力が多くの人を驚嘆させていました。因みに「人間国宝」という日本の発想をフランスに伝えたのは、日本に深い関心を抱き5度にのぼる来日の機会に各地を旅し、とりわけ伝統芸能や伝統工芸の伝承のされ方に深く関心を寄せたレヴィ＝ストロース氏自身だったと言われています。2009年に101歳の誕生日を目前にして逝去されるまでに、公的な場に姿を見せたおそらく最後の機会のひとつがこの、ユネスコ設立60年記念の基調講演だったのではないかと思われます。

　氏がこの記念の講演をおこなった背景は、講演のなかで語られているとおり、フランスの研究教育機関での仕事と並行して、設立間もないユネスコでも重要なポストに着き活動したという事実があります。1949年末におこなわれた会議を経て1950年に出された「人種に関する宣言」のとりまとめに中心的な役割を果たし、さらに1953年にはユネスコ社会科学国際委員会の事務局長に着任し、1959年、フランスの最高の研究教育機関といわれるコレージュ・ド・フランスの教授に選任されるまでその職にありました。その間、同僚でやはり南アメリ

巻頭言

カを研究する人類学者だったアルフレッド・メトローが企画したユネスコの「現代科学から見た人種問題」というシリーズの1冊として『人種と歴史』(荒川幾男訳、1970、みすず書房)という小著を刊行しています。そこでは、まさにそれぞれの文化、社会にはそれぞれ固有の価値と、その文化、社会の中に生きる人にとっての固有の幸福観や人生の達成観があるという主張が、明快な論理と人類学的な知見によって説得力をもって展開されています。この小著は近年、フランスの高校の副読本に選ばれ、多くの若い読者に読まれたようです。またユネスコに籍を置いていた1950年代には、「クーリエ・ド・ユネスコ」という一般向けの広報誌に、人類学的な高い知見をふまえながら、非西欧文化の価値やそれぞれの固有文化の意義をたいへん分かりやすく説いた文章を数多く執筆しています。

ユネスコが活動を始めた初期に、それぞれの文化、社会に固有の価値があるという、いわゆる文化の相対性という考え方をしっかりと根付かせるのに、レヴィ＝ストロース氏を筆頭とする人類学者たちが一定の役割を果たしたことはたしかだと思われます。

「人種」という概念は科学的に成立せず、人種差別主義には根拠がないことを科学者が明確に断言した1950年の「人種に関する宣言」は、専門の遺伝学者などから厳密さに欠ける憾みがあるとして批判され、1951年に「第二宣言」が出され、1960年代にも人種をめぐるユネスコの宣言が2度公表され、さらに1971年にはレヴィ＝ストロース氏がユネスコの招待講演「人種と文化」で、『人種と歴史』からの新たな議論の展開をおこないました。これらの経緯の詳細はここではふれませんが、生物学的、遺伝学的な差異を根拠に、知的能力や文化、社会等の優劣を主張する人種差別の思想との闘いにユネスコが取り組んできたことは注目すべきことだと思われます。その当初の出発点が、あからさまな人種差別を国家の原理にまで取り入れたナチス・ドイツがもたらした歴史への反省にあったことは周知の通りです。

遺伝的な与件が文化、社会の優劣を決定することはない、という主張は問題の半分しかとらえておらず、現実に明らかに存在する文化、社会の差異はどのようにして生まれ、それが単純な優劣の関係で測られないものであるのならば

どのような意味をもつと考えるべきなのか。このもうひとつの問いへの答えがなければ、人種差別主義への批判の説得力も十分ではない、というモチーフが『人種と歴史』という考察にはふくまれているといえるでしょう。その犀利な議論は著作にふれていただきたいと思いますが、レヴィ＝ストロース氏の鋭い批判的思考がよくあらわれていると思われる一節は紹介しておきたいと思います。

　しばしば文化的に低い段階にあると見なされてきた「未開人」「野蛮人」と呼ばれた人々の共通の特徴として、自らを人間と呼ぶ一方、自分以外の集団つまり他者を人間以下の存在（未開とか野蛮という形容はまさにこの人間以下の存在に与えられた形容詞です）と見なし、「悪い人」とか「つまらぬ人」と呼び、果ては「地上の猿」とか「しらみの卵」と呼んだりすることがよく見られると指摘したうえで、レヴィ＝ストロース氏は、こう断定します。すなわち「野蛮人とは野蛮が存在すると信じている人々のことなのだ」と。これはきわめて衝撃的な逆説をはらんだ断言です。なぜなら「未開人」「野蛮人」が存在することを前提にそれを対象とする分野である人類学を生みだしてきた西欧そのものこそ、「野蛮が存在すると信じて」きた野蛮人ということになるからです。

　この逆説を体得するところから初めて、文化、社会を優劣の尺度で測り序列づけるのではない、それぞれの文化、社会の固有の価値をわたしたちはどのようにして理解できるのか、という真の人類学の省察を開始することができる、レヴィ＝ストロース氏の思考をそのような主張として受け止めることが出来るでしょう。

　初期のユネスコの活動を支えたこの文化の相対性の強い主張は、ひとりレヴィ＝ストロース氏のみによっておこなわれたわけではありません。また、この主張を支えるには固有の文化、社会の詳細な襞に分け入って細部まで理解し、異文化の間の回路をひらく民族誌を書き表す数多くの調査者の貢献がなければ成立しません。先に名前をあげたアルフレッド・メトローはまさにそうした民族誌の著者として優れた業績を数多く著わしていました。ただそうした一群の人類学者が、初期のユネスコの中枢近くにいて、その後の機関の活動の方向づけに大きな影響を与えたことは事実だと思われます。また、2005年の「省察」

ではレヴィ＝ストロース氏は近年のグローバリゼーションの文脈のなかで、あらためて固有の文化、社会の多様性を擁護する主張を確認しています。

「世界遺産」という制度の実現と運用において、固有の文化の価値の保持が、どのような細心な配慮と、具体的なひとつひとつの遺産についての詳細な検討と膨大な時間と多数の人々の労力によって初めて可能なものとなるのかは、本書に収められた論考によってつぶさに論じられています。また、土地と物に結晶した遺産（自然遺産と文化遺産）から人そのものの身体と頭脳に内蔵され伝承される「無形文化遺産」への興味深い展開についても論考によって説かれています。そうしたたゆみない議論と検証の、日々の作業の膨大な集積として「世界遺産」が存在していることを、本書の読者はあらためて、ある感銘とともに理解することになるでしょう。

「ユネスコの60年の歴史」の冒頭の松浦事務局長の開会の言葉でふれられた興味深い事実を、筆者の拙い訳によって引用してこの巻頭言を閉じたいと思います。

「たとえば、世界中で刊行されるテクストやイメージに添えられた小さな©の著作権の印を考えてみてください。これは初期のユネスコがおこなった作業の成果なのです。この小さな刻印は、ユネスコによる規範創出の作業が生んだ法的体制をしめすものであり、これによって今日の世界を織りなすコミュニケーションの経済が発展しえたのです。」

これは1952年にユネスコが提起した万国著作権条約によって著作権表示のシステムが成立したことをさしていると理解されます。冒頭で「もうひとつの目立たない奇蹟」と呼んだのは、今や世界中に普及したこの©の刻印のことです。創作者の固有性を表示するこの小さな印の普及と、「世界遺産」の、世界中の人々の心の中への浸透とには、ユネスコの活動のもつひとつの特徴が共通して働いているように思われるのです。多様性と固有性への配慮によるコミュニケーションへの励ましと促し、とも呼べそうな、資本主義的商品の論理とは少し異質な、もうひとつの精神が、そこに見いだされるのではないでしょうか。

　　　　立命館大学大学院先端総合学術研究科教授・研究部長　　渡辺　公三

はしがき

　2010年1月から2月にかけて、立命館大学における「土曜講座」にて「京都から考えるユネスコ世界遺産」と題して連続講演会を企画した。そのうち1月30日には、特別講座として、ユネスコ事務局長を務められた松浦晃一郎氏をお迎えした。松浦氏は2009年までの10年間の在任中に、80年代に脱退したアメリカのユネスコ復帰も実現させ、また、ユネスコの文化部門においては、水中文化遺産保護条約（2001年）、無形文化遺産保護条約（2003年）、文化的表現の多様性条約（2005年）の3条約を採択するなどの足跡を残された。

　本書は、土曜講座の講演者を中心とした多様な学問分野の執筆者によって、世界遺産を多角的、学際的に捉え、世界遺産研究の必要性と可能性を広く知ってもらうことをねらいとしている。ユネスコ世界遺産に関する文献には、松浦氏が自ら執筆された『ユネスコ事務局長奮闘記』（2004年）や『世界遺産』（2008年）があるが、専門的な論文あるいは写真集の類が多い。世界遺産や無形文化遺産の保護の重要性や歴史的経緯、また都市開発や防災、観光といった関連する課題について様々な視点から包括的に考えてもらうために、本書を編むことになった。

　本書では、まず「人類の文化遺産をいかに守るか」と題された松浦前ユネスコ事務局長による講演を軸に、ユネスコ世界遺産条約による遺産の登録や保護体制の仕組みを説明したい。そして、世界遺産条約の今日的意義や文化遺産保護をめぐる多様な課題を考えていきたい。本書の関心事項と問題意識は次のようである。

　世界遺産条約の採択から今日までの歩みを振り返ると、90年代前半は、遺産に対する視点の重要な転換点であった。日本の「法隆寺地域の仏教建築群」（1993年登録）など木造建築の登録を通して、西欧的な石の文化とは異なった視点から評価する道が開かれた。また、地球環境問題の顕在化と時を同じくして、

人間が自然と融和した形で手を加えた景観を意味する「文化的景観」概念が登場した。さらに、「産業（近代化）遺産」の増加は、産業革命以来の人類の足跡を客観的に評価することにもつながった。

　また世界遺産条約は、その目的である遺産の保護・保存のあり方について、様々な問題点を提起する役割も果たしてきた。先進国や途上国の都市における開発の波は、人々の生活様式の変化とともに、歴史都市の景観にダメージをもたらした。歴史都市としての魅力や遺産の価値を損ねない形で、現代的で活力ある都市を再生することは、我々の身近な課題でもある。世界遺産は様々なリスクに直面しているが、そのひとつが文化遺産の防災対策である。特に木造文化財の多い古都京都では緊急の問題である（図0-3参照）。

　さらに世界遺産は、観光や地域振興の点からも注目を集めるようになった。一国の世界遺産の数と、観光者数はかなりの相関関係がある。世界遺産登録により、比較的地味な遺産でも観光者数の増加が見られる（図0-3参照）。観光開発は、世界遺産条約の直接的な目的ではないが、様々な世界遺産を知り、人類の文化の豊かさや多様性を楽しむ機会を提供してくれる。反面では、観光開発による環境悪化や遺産の損傷なども世界各地で報告されている。観光と遺産保護との両立性について、例えば観光収入を遺産保護と結び付ける仕組みの考案や、地元のコミュニティによる観光への関わりなどが求められている。

　21世紀にはいって世界遺産の数は1,000に近づき、その種類も多様になった。例えば、近代化遺産の中には、原爆ドームや奴隷積出港など人類の歴史において「負の遺産」といわれるものもある。近代化の歴史を客観的に評価することが可能な時間が経過したのと同時に、そうした作業が求められる時代になったともいえる。また世界遺産条約とは別に、工芸、芸能、祭礼などの無形文化遺産をより緩やかな基準で登録される無形文化遺産条約も採択された。西欧に集中する世界遺産に対し、広く諸民族の文化に目が向けられ始めた。

　さらにグローバル化や技術革新の時代において、世界遺産や無形文化遺産は、遺伝子などの生物資源問題、先住民族の著作権、開発と文化の相克など、より広範な問題領域との関連性も生じている。より広い角度から人類の遺産について考えるべき時期にきている。

はしがき

　本書の構成と内容について簡単に紹介しておく。
　第Ⅰ部は、松浦氏の講演記録である。
　「人類の文化遺産をいかに守るか」と題された松浦氏の講演は、まずユネスコが「文化」をどう捉えてきたか、世界遺産や無形文化遺産保護の核心ともいえる問題に触れられている。特に、松浦氏が事務局長在任中に推進し、21世紀に入って採択された「無形文化遺産保護条約」や、「文化的表現の多様性に関する世界宣言」の意義が語られた。グローバル化と文化の問題を考えるとき、有形（世界遺産）と無形文化の双方を保護することが大切であるこることが強調されている。また質疑応答では、今後の世界遺産登録のあり方、世界遺産と観光との関係、また富士山をはじめとする日本の世界遺産候補など、フロアーからの興味深い質問に対して松浦氏の見解が示された。
　第Ⅱ部は研究者による論考である。
　編者が担当する第1章「世界遺産と日本」では、まずユネスコという国際機関と世界遺産条約について概説し、日本と世界遺産条約の関わりについて考察する。世界遺産条約における「文化的景観」の概念は、里山や棚田などの日本独自の景観を保護する政策にも影響を与えた。文化財保護では伝統のある日本も、「景観」については、それを「文化」としてとらえ法的に保護するまでには時間を要した。他方で、世界遺産条約への加入は、日本にユネスコへの貢献を通した新たな文化外交の場を提供したことを紹介する。
　第2章の宗田好史氏による「世界遺産における歴史都市の課題」は、世界遺産リストにも多く登録されている「歴史都市」に焦点を当てる。ユネスコ世界遺産条約における歴史都市の位置づけ、歴史都市と再開発の問題、京都の新景観政策、欧州の歴史都市の経験と京都の比較などの分析や紹介がなされている。こうした分析を通して、フィレンツェやウィーンなど、世界の魅力ある歴史都市が共有する課題と、その解決への模索が示される。
　第3章では、土岐憲三氏による「文化遺産の災害対策」の中で、歴史都市防災学の立場から文化遺産の災害に対する脆弱性が指摘されている。木造文化遺産の多い京都における実際の調査研究に基づき、文化遺産防災学の構築と関係主体のネットワークづくりを提唱している。土岐氏の提案に基づき、2010年秋、

松浦前ユネスコ事務局長を会長に、「京都文化遺産プラットホーム」が設置され、活動を開始している。またアジア地域を中心とする国々の専門家に文化遺産防災学を学ぶ機会を提供する活動も紹介されている。

第4章において、峯俊智穂氏の「世界遺産保全と観光振興による地域づくり」は、「紀伊山地の霊場と参詣道」を事例に、観光学の視点から世界遺産を考える。和歌山県は2005年に日本で初めて世界遺産条例を制定しており、また田辺市では、世界遺産登録を契機に地元自治体やコミュニティを中心とした遺産保全と観光客への情報提供などの取組みを紹介する。筆者自身の現地調査を通して、世界遺産をもつ地域の活動をつづる。

第5章は、楊路氏の「中国の世界遺産『麗江古城』と観光」が、本書の中では、唯一、外国の世界遺産を主題としている。中国雲南省の世界遺産「麗江古城」を事例に、80年代の開発ラッシュ、96年の大地震被害、そして震災からの復興過程における遺産復元の課題などを追っている。実際に中国雲南省職員として勤務している楊氏の観察は確かである。麗江古城を支える少数民族ナシ族の文化は日本の古代史とも関連が深く、今や世界3位の世界遺産大国となった中国の文化遺産として特殊な地位にあり、興味深い研究対象である。

第6章では、「21世紀における遺産保護」と題して、世界遺産や無形文化遺産が直面する新たな状況や課題をとりあげる。世界遺産の地理的・時間的不均衡の是正の要請から、産業遺産の登録が増加したが、必ずしも不均衡是正につながらなかった。それに対して、2006年に発効した無形文化遺産条約は、芸能や工芸、祭礼など、より広範な文化を登録し保護する可能性を開いた。無形文化遺産と世界遺産保護の連続性と相違点についても考察する。また国境を越える遺産や、危機に陥った遺産に対する国際協力の課題、さらに生物資源や、民族文化の著作権、開発と文化の相克など、遺産保護を取巻く現代的課題の広がりを示す。

本書は、グローバル化や技術革新、急速な都市開発が進む現代において、世界各地の固有の文化の価値をどうとらえ、保護していくのか、世界遺産条約および無形文化遺産条約の視点から、多角的な分析と紹介を試みた。本書が、学

はしがき

生や地域の遺産保護にあたる関係者の興味を少しでも引き、世界遺産を読み解く材料になればと願う。

　最後に、ご退任直後に立命館大学での特別講演と、本書への掲載を快諾くださった松浦晃一郎氏に心からの感謝をお伝えしたい。また、本書の企画の時からお世話になった法律文化社の小西英央様に記して謝意を表したい。

　　　　　　　　　　　　　　　　　　　　　　　安　江　則　子

目　次

巻頭言
はしがき

第Ⅰ部　世界遺産を語る

講　演　人類の文化遺産をいかに守るか──松浦晃一郎　2
　　1　はじめに　2
　　2　「文化」をどう捉えるか　2
　　3　「無形文化遺産」について　7
　　4　文化遺産の保護について　11
　　5　質疑応答　16

第Ⅱ部　世界遺産を学ぶ

第1章　世界遺産と日本────────安江　則子　28
　　1　はじめに　28
　　2　ユネスコと世界遺産条約　29
　　3　「文化的景観」という遺産　36
　　4　日本の貢献──奈良文書の意義　45
　　5　おわりに　47

第2章　世界遺産における歴史都市の課題 — 宗田　好史　49

1. はじめに　49
2. 文化遺産の拡大とその保護の発展、歴史都市への取組み　50
3. 歴史都市・京都の取組みと新しい景観政策　59
4. 世界遺産の歴史都市、ウィーン・メモランダムと歴史的都市景観　67
5. おわりに　73

第3章　文化遺産の災害対策 — 土岐　憲三　77

1. はじめに——文化遺産の災害　77
2. 京都の文化遺産と災害　79
3. 京都の文化遺産と防災　88
4. おわりに——京都の文化遺産の危機管理と将来　96

第4章　世界遺産保全と観光振興による地域づくり — 峯俊　智穂　101

1. はじめに　101
2. 世界遺産の現状　102
3. 「観光」とは何か　105
4. 観光形態の変遷と文化的景観　109
5. 取組み事例——紀伊山地の霊場と参詣道　110
6. おわりに　123

第5章　中国の世界遺産「麗江古城」と観光 — 楊　路　126

1. はじめに　126
2. 中国の世界遺産　127
3. 世界遺産申請と震災復興の転換点に立った麗江　131
4. 世界文化遺産としての麗江古城の活用と波及効果　140
5. 「麗江様式」の本質と成功条件　144

6　おわりに　148

第6章　21世紀における遺産保護 ─────安江　則子　151
　　1　はじめに　151
　　2　近代化遺産への視点　152
　　3　国境を越える世界遺産とシリアル・ノミネーション　157
　　4　無形文化遺産の保護　160
　　5　危機遺産の保護と国際協力　165
　　6　結びにかえて──世界遺産保護の新局面　169

用語解説
参考文献
索　　引

第Ⅰ部

世界遺産を語る

講演　人類の文化遺産をいかに守るか

前ユネスコ事務局長　松浦　晃一郎

(2010年1月30日、立命館大学　創思館)

1　はじめに

　私はユネスコに10年間事務局長として務めましたが、ユネスコでは、文化・教育、実はそのほか科学・コミュニケーションあわせて4部門を扱っております。お見せしたビデオは、NHKが未来への提言ということで、ハイビジョンで1時間15分番組を作ってくれたものです。そのために1週間くらいかけてユネスコやアフリカ等を取材していましたが、そのプログラムを13分に要約したもので、10年間でやったことを13分にまとめることは難しいのですが、それでも要領よくまとめてくれたと思います。
　今日はその中でも文化遺産に焦点を絞ってお話させていただきます。この連続講座ですでに世界遺産について、みなさんある程度はご存じだという前提でお話させていただきたいと思います。

2　「文化」をどう捉えるか

　まずお話の前提として、「文化」をどういう風に定義するかということから始めたいと思います。先日、鳩山総理の所信方針演説で、文化立国としての日本ということ、文化を非常に重視するという項目が入っており、私は非常に元気づけられました。その中で、鳩山総理が文化について狭い定義の「芸術的価値のあるもの」ではなくて、「人の生活様式」という広い定義で捉えていきた

図表0-1　ユネスコと文化分野の関連年表

ユネスコと文化	関連事項
1922年　国際知的協力委員会（ユネスコの前身）	
1926年　国際知的協力機構に改名	
1946年　ユネスコ設立	
1951年　著作権保護条約	1950年　日本で「文化財保護法」制定
1954年　紛争下における文化財保護条約	
1960年　エジプトのヌベア遺跡保護	
	1964年　ヴェニス憲章、ICOMOS誕生
	1966年　日本で「古都保存法」制定
1970年　文化財の不法輸出入禁止条約	
1972年　世界遺産条約	
	1984年　アメリカがユネスコ脱退
	1985年　中国が世界遺産条約に加盟
	1987年　歴史都市街区保存憲章（ICOMOS）
	1992年　日本が世界遺産条約に加盟
	1992年　世界遺産における「文化的景観」導入
	1994年　「奈良文書」採択（ICOMOS）
1999年　松浦晃一郎氏事務局長就任（—2009）	
	2000年　欧州景観条約採択
2001年　水中文化財保護条約	
2001年　文化的多様性に関する宣言	
2003年　無形文化遺産保護条約	2003年　アメリカのユネスコ復帰
	2003年　産業遺産憲章採択（TICCIH）
	2004年　日本の「文化的景観」導入へ
2005年　文化的表現の多様性条約	2005年　ウィーン・メモランダム

※上記年号は採択年。

いということを言っておられました。これは実は私も申し上げようと思ったことであります。文化の定義は、特に戦後になって変遷がございます。

　当初は文化といいますと芸術的価値のあるもの、芸術的な価値が見いだされるものと狭く定義をしておりましたが、だんだんもっと広く捉えるべきだという声が世界全体にでてきました。私がユネスコで最初に手がけた仕事の1つに、文化の多様性をどのように定義づけて、どのように守っていくかという作業がございまして、これは条約という形ではなくて、まず「宣言」という形でユネスコ総会において採択いたしました。

第Ⅰ部　世界遺産を語る

　ユネスコ総会というのは閣僚レベルで２年に１回開かれます。ニューヨークの国連総会は毎年開かれますけど、ユネスコは２年に１回でございます。私が選出されましたのは1999年の秋のユネスコ総会で、その２年後のユネスコ総会に私の最初の大きな仕事として手がけたのは、「文化的表現の多様性についての世界宣言[1]」です。そこではっきりさせたのは、「文化」を広く捉えるということであります。「文化の多様性は、人類共通の遺産である」と宣言の第１条は高らかにうたいました。文化の多様性これを守っていかなければいけない。ここでいう文化とはまさに鳩山総理がいわれた広い意味の文化でございます。

　しかし世界遺産条約は1972年にできておりますので、今からもう38年前で、２年後の2012年には40周年を迎えます。日本政府としてはぜひ40周年の行事を日本で行いたいとユネスコに提案しておりますが、いずれにせよ1972年の段階では、まだ文化というのを狭い定義で捉えていました。世界遺産条約で「文化遺産」というところの文化は狭いのでありまして、私の『世界遺産[2]』という本の中で、世界遺産条約の次元で文化という時は「芸術的な価値」をもつもの、そういう意味で本にも書きました。その時点においては、まさにユネスコ自体が文化をそのように狭く捉えていたのです。世界遺産条約の条文の文化遺産というものは３つの形態がある。第１は建造物、第２はモニュメント、第３が遺跡で、これらはいずれも非常に狭く捉えていますね。

　世界遺産条約でいう遺産というのは、有形の文化遺産と自然遺産でございますが、とりあえず自然遺産は横において説明させていただきます。ですから文化遺産、現在890（2010年１月当時）ある世界遺産の８割を占めておりますが、この文化遺産というのは形のあるもの、有形の文化遺産で、その文化も狭く定義した上での文化遺産になります。そして、これは遺産というのがつきますから、過去の私どもの祖先の作ったものであります。それを代々今まで大事に保存してきたのを、今後さらに大事に次世代に引き継いでいくということが世界遺産条約の一番大きなテーマになっております。

　ビデオでも紹介されましたように、私はユネスコ事務局長に就任をする前の１年間、世界遺産委員会の議長を務めました。今も鮮明に覚えておりますが、10年前、正確にいえば11年ちょっと前になりますが1998年の11月の下旬に、京

都の国際会場で議長に選出され、11月から12月にかけて1週間あまり世界遺産委員会の議長を務めました。それから事務局長就任までのほぼ1年間、世界遺産条約の運営にあたっていました。京都で開催された世界遺産委員会の1年後、私がユネスコ総会でユネスコ事務局長に選出されます。

その時私が感じたのは、文化というものは狭く捉えられすぎていて、しかもその文化遺産の中でも形のある3つのものに定義されている。これらはあくまでも文化遺産の一形態であるので、もっと文化を広くとらえて、日本語でいえば無形文化遺産、つまり人から人へ伝承されるものも対象にする。文化に形がないというと誤解を与えますけど、形のある有形文化遺産に対応するものして無形文化遺産もあるわけです。無形という言葉が適切なのかわかりませんが、英語でもフランス語でも無形文化遺産という言葉を使っています。無形というのは、有形と対比するに意味おいては意義のある言葉と思っています。

この無形文化遺産が世界遺産条約では保護の対象になっていないのです。世界遺産条約上は、建造物、モニュメント、遺跡と3つに定義されています。それでは有形の文化遺産もすべてカバーできないということで、1990年代の前半に「文化的景観」という概念が認められます。条約を修正するという手続きは大変ですから、条約は修正しないで運用上で条約を弾力的に解釈するということで対応しました。

そのきっかけになったのは、ニュージーランドのトンガリロというマウイ族の崇拝の対象である山であります。最初はこの山を、文化の遺産と自然遺産の両方の要素で出してきたのですが、自然遺産の面は専門家でもそれなりに納得できる、しかし文化遺産となると、申し上げた3つのどれにも該当しない。つまり建造物でもない、モニュメントでもない、遺跡もない。マウイ族が崇拝の対象にして、マウイ族の心の中に崇拝の対象として存在して、マウイ族のいろんな部族がそこを中心に踊り、儀式が行われるのです。私もユネスコの事務局長としてそこにまいりましたが、世界遺産条約上、トンガリロを文化遺産として登録するのに、専門家は当初みんな反対いたしました。これはある意味では当然で、非常に議論が紛糾して、結局「文化的景観」という概念を作って専門用語でいえば、「混合遺産」にすることになりました。[3] 最初は自然遺産と考え

図表0-2　日本の世界遺産暫定リスト（2010年末現在）

1	北海道・北東北の縄文遺跡群	2009年
2	平泉の文化遺産	2001年
3	富岡製糸場と絹産業遺跡群	2007年
4	国立西洋美術館・本館	2007年
5	武家の古都鎌倉	1992年
6	富士山	2007年
7	彦根城	1992年
8	飛鳥・藤原の宮都と関連資産群	2007年
9	宗像・沖ノ島と関連遺産群	2009年
10	長崎の教会群とキリスト教関連遺産	2007年
11	九州・山口の近代化産業遺産群	2009年
12	小笠原諸島	2007年
13	金を中心とする佐渡鉱山の遺産群	2010年
14	百舌鳥・古市古墳群	2010年

たのですけど、文化的要素もあるということをニュージーランドが非常に強く主張したわけです。

　つまりマウイ族の人たちから見れば、マウイの崇拝の対象であるトンガリロの神を自然遺産として登録するのは本末転倒であると。ニュージーランド政府も彼らの文化がそこに凝縮したわけで、文化遺産として登録しないと意味がないということで頑張りまして、その立場を受け入れるために、「文化的景観」という概念を作ったのです。

　この概念は非常に便利な概念で、その後大いに活用されておりまして、日本でも吉野熊野が文化的景観として登録され[4]、これは幸いにして文化遺産として認められました。次に平泉を文化的景観で申請しました。この概念は、非常に活用しやすい概念ですが、同時に非常に揚げ足もとりやすい、問題点をみつけやすい概念です。そこを吉野熊野の時にはうまく対応しましたが、平泉に関しては失敗してやり直しになって、今年1月末までに新しい申請書を出し、それを専門家が審査して、来年（2011年）の世界遺産委員会に再び出てまいります。今度はかなりいい形でできたかと思っております。

　私は直接に申請書の作成過程に関与しておりませんが、今度のはかなり専門的に見てもいいとこいっていると思っています。ちょっと脱線しましたが、こ

の文化的景観の概念は条約を修正しないで今の3つの形態を踏まえながらも、実際には第4の形態を追加したことになると思っております。弾力的に運用することで対応しています。ちなみに日本も、「富士山」を今度は「文化的景観」ということで暫定リストに載せております。

　世界文化遺産条約で形のある文化遺産を対象にするという前提の下で、それなりに専門家が苦労して、「文化的景観」という概念を作ったけれども、残念ながら限界があるということを私は議長をして強く感じました。やはり文化というものをまず広く捉える必要があると。それから有形の文化遺産、先述の3つの形態だけで、人類の文化遺産を捉えるのは無理があると確信いたしまして、その第一歩として先ほど申し上げた「文化的表現の多様性についての世界宣言」を提案し、2001年の秋のユネスコ総会で採択されました[5]。

　宣言では「文化」を広く捉え、そのあらゆる形態の文化、この時の文化は過去の遺産のみならず、現代の文化も対象にしています。そういうものは人類共通の財産であるのでしっかり守って次の世代に伝えましょうというのを宣言として採択したわけです。ちなみに宣言というのは、条約ではなく拘束力はありません。しかしながら、それだけにかなり自由にいろんなことが盛り込めます。今読み直してみても文化の多様性についての宣言は、非常によくできた宣言だと思っています。これを21世紀の最初のユネスコ総会で採択したということは、歴史的な意義があると考えております。

3　「無形文化遺産」について

　次に「無形文化遺産条約[6]」ですけど、文化の多様性に関する世界宣言と別に、私は無形文化遺産条約の締結を推進いたしました。準備は同時に進めました。就任するやいなや専門家会議を開きましたが、無形文化遺産で一番の問題は、無形文化遺産をどのように定義するかということでした。

　先ほど世界遺産条約上の有形の文化遺産の3つの形態に言及しましたが、補足すると、その3つの形態を持っているのがすべて世界遺産条約の対象になるのではなくて、その3つの形態の1つをもち、次が重要ですが、「顕著な普遍

的価値」があるものに限定されます。ですから顕著な普遍的価値というのが非常に厳しいものさしになっているわけであります。平泉が残念ながら最初登録されなかった、受入れられなかったというのは、一般的にいえば、「顕著な普遍的価値」がないと判定されたということです。申請書に書かれた9つの要素のうちの4つ、5つの要素が対象になったのですが、「顕著な普遍的価値」というのが非常に重要なものさしで、それをどう解釈するかがいつも議論の対象になるのです。先ほどお話した「文化的景観」を通して概念が広げられたということです。

　このことに関連して、日本が音頭をとりまして1994年に「奈良会議」[7]というのが開かれました。日本が世界遺産条約に加盟したのは非常に遅れて1992年ですけど、日本が世界遺産条約の歴史で大きな貢献をしたのが、この奈良会議を開いたこと、そして「奈良文書」を採択したことだろうと思っております。世界遺産条約はどうしてもヨーロッパ主導でできましたので、石の文化を対象にしています。もちろんヨーロッパにも木の教会や木の建物はありますが、圧倒的に建造物、モニュメントは石でできております。したがって重要な概念として、英語でいえば「オーセンティシティ」、日本語では「真正性」という風に訳しますが、平たくいえば最初に作られたときの原型をとどめておくということです。

　ですから元の原型をとどめていないと、何らかの理由で破壊されて後で修復したり、建直したりすると失格となるのです。日本は木の文化で、木は長くもちません。ですから随時取り換えていく必要がございますので、日本が奈良会議で提唱し、各国の専門家に受け入れられて、それが世界遺産委員会で採択されることになりました。木の文化においては元の材料が腐ったりした場合、それを取換えていい、ただし同じ材料で、同じ工法を使って、同じデザインでということであります。そうすればオーセンティシティを保つと判定されるということであります。

　これは文化的景観と並ぶ重要な新しい展開であったと思っています。しかしながら先述のような限界があります。無形文化遺産の定義は非常に難しいのですが、色々専門家が議論をして、最終的に5つの形態を対象にしたらどうかと

いう意見がでてきました。私これ非常に妥当であると思いましたし、それが現在の条約に反映されております。第1は口承による伝統および表現、それから第2が芸能、第3が社会の慣習、儀式および祭礼、行事、第4に自然および万物に関する知識および慣習、第5に伝統、工芸、技術ということで、まさに人から人に伝えられるものでございます。これは世界遺産条約でいう遺産と非常に対照的で、元の原型を保つという必要はまったくございません。むしろ人から人へ伝えられる過程において、どんどん変化していく。これらも当然であるという風に受け入れられています。ですから、例えば日本から歌舞伎、文楽、それから能が登録されておりますが、こういうものが時代とともに変化していくというのは当然でありまして、元のままでないといけないということはない、この点が世界遺産条約と非常に対照的な点でございます。

　ここで申し上げたいのは無形文化遺産にはもちろん芸術的なものも随分入っておりますけど、基本的にはまさに「人類の生活形態、生活様式」という、「文化」というもの広くとらえて作ったものでございます。これについて当初は、アメリカは参加する前でしたが、西欧諸国は非常に抵抗いたしました。というのは西欧文化というのは有形の文化遺産を中心にしており、無形の文化遺産もありますが、無形の文化遺産が有形の文化遺産と並ぶ形で文化遺産として扱われていないということがございます。

　日本は昭和25年の「文化財保護法」で有形と無形の文化財というのが決められておりますから、日本においては無形の文化財の概念が定着しているといえます。ただ、ユネスコのほうが日本の無形文化財よりも広くとらえているということを申し上げておきます。いずれにせよ日本は、無形文化遺産の保護体制を作るということでは世界に先駆けていいものを作ったといえると思います。ですから、日本では有形、無形が二本柱で確立している、ヨーロッパでは有形一本でした。

　私が提案した時一番賛成してくれたのはアフリカ、それもサハラ以南のアフリカの国々です。サハラアフリカの国々は気候風土の関係もあって、石の建物もありますが、全体としては土の文化です。土ですから時間の経過とともに風化します。何かあるとまた破壊されるということで、形がある文化遺産が残念

ながら多くありません。むしろ、無形文化遺産、具体的には伝統的な踊り、伝統的な音楽、伝統的な儀式というものが文化の中心になっています。ですから彼らの文化遺産というのは無形が中心です。ところがアフリカの国々の人たちは、それをしっかり保護していくという国内的な体制を作っておりませんでした。私が提唱して、彼らもまずこれをやるべきことだということに気がついて非常に喜んでくれて、西欧が反対する中でアフリカの国々が非常に積極的に賛成をしてくれました。

　それから国内でこの日本的な人間国宝という制度をいくつかの国が導入始めましたし、さらには彼らの無形文化遺産を守る国内法を作り出しました。ユネスコでは2003年に無形遺産条約ができ、30カ国に批准されたのは2年後で、2006年の春に発効しますけど、かなりの国が条約の批准にあわせて、あるいはそれに先駆けて、国内法で無形文化遺産を守る体制を作ったということは、私にとって非常に嬉しいことでありました。現在、世界遺産条約は全部で186カ国が批准していますが、無形文化遺産条約は去年の時点で116カ国ということでまだ差があります。[8]しかし、私はいずれ世界遺産条約に追いつくとにらんでいます。

　私は将来を展望して人類の文化遺産という時、文化遺産は形のあるものと形のないものと二本柱、形のあるものだけが世界遺産というのは公平ではないので、世界遺産という時には有形と無形の文化遺産が二本柱で存在するという形にもっていかなければいけないと思っています。しかしながらこれまでの時点では、世界遺産、すなわち有形の文化遺産こそが人類の1番重要な文化遺産であるという認識があったのです。それが幸いにして打破できたかなと、だんだん無形の文化遺産というものが育っていくと思っています。

　ただ現状を見ますと、有形の文化遺産、世界遺産条約上の文化遺産というのは引き続き西欧に集中しています。無形文化遺産条約に対して、西欧は最後まで抵抗しましたが、実は採択の段階では反対はありませんでした（8カ国が棄権）。私にとって非常にうれしかったのが途中では反対し、最後には棄権したスイスが批准したことです。なぜスイスがあんなに反対し、棄権したのか不思議でならないのですが、そのスイスが批准しました。しかしながら全体を見る

と、まさに世界遺産条約の文化遺産とは逆で、西欧が非常に少ないです。逆にアジアが非常に多い。本来アフリカがもっと多くなるべきですが、アフリカは国内体制の整備はしていますが、なかなかしっかりした形で無形文化遺産の登録を提案できないのです。

無形の文化遺産は、世界遺産と同じように、代表リストと危険リストがありますが、代表リストは、私が就任してから無形文化遺産の「傑作宣言」[9]というのを3回採択して、これには日本では文楽や歌舞伎が入っておりましたけど、世界全体で90ありました。それに新規に今年（2009年）73追加して全部で163（日本はそのうち16）あります。

この数は急速に増えると思います。注意しないといけないのは、世界遺産は、京都ももちろん世界遺産ですが、京都は17の神社仏閣が「古都京都の文化財」という形で1つの世界遺産として登録されています。それに対して、無形遺産のほうは祇園祭など1つひとつが別個に登録されるため、無形遺産がこれからどんどん増えていくと思います。ですから今、890対163ですけど、今世界遺産のほうは1年に30件登録されていたのが、20件におちて昨年は13件と非常に厳しくなり、（少し厳しすぎたかもしれませんが、）今後も非常に絞り込まれていくと思います、しかも1つの文化遺産の中にいくつも要素が入っています。京都では17、奈良では8つの要素が入っていますが、無形のほうは1つひとつ数えますから、おそらく無形が遠からず世界遺産の数と並んで、世界遺産の数を追い越すという事態も生じると思います。それは悪いことではないですが、ただ無形の文化遺産リストの数が多くなっても、世界遺産より無形が重要になったということではありません。数え方が違うのだということを申し上げておきます。

4　文化遺産の保護について

それでは最後のしめくくりで、今日のテーマである人類の文化遺産をどうやって守っていくべきかということに焦点をあててお話したいと思います。

残念ながら、文化遺産に対してはいろんな形の脅威がございます。1つは自然からくる脅威で、特に有形の文化遺産については自然な劣化ということもご

ざいますけど、日本のように台風、津波、火山噴火や地震が脅威ともなります。世界的に注目されたハイチ地震は、首都が全壊し大変な物的・人的被害がありましたが、世界遺産が破壊されることはありませんでした。しかしやはり有形の文化遺産に対して常日ごろからしっかり対策をたてて、自然災害から守るということが大切です。この地震対策は特に日本は進んでいますが、ハイチではその前の地震が250年前で、その後250年くらいなかったので、建物が耐震性にできてなかった。ですから残念ながら膨大な人的損害が出てしまいました。

　ご記憶の方おられるかもしれませんが、イラン南部のバム[10]というところで、2003年末に大地震がございまして、私が大地震の2年後に訪問したとき、町は崩壊したままでした。2000年前にできた城壁が土でできていたのですが、これが全壊とまではいきませんが、ほとんど破壊されました。土でできてきまして全部が倒れたわけではないですが、4分の3以上が破壊されました。バムではむしろユネスコ側が、私たちがイニシアチブをとって世界遺産登録させ、危機リストに載せて現在も復旧作業をしています。2000年前にできた丘の上の城壁もまったく耐震性がなく破壊されたということです。もちろん自然災害に対しては人命を守るということが最重要ですけど、同時に有形の文化財を守るという体制を作っておく必要があると思います。

　それから2番目は、人為的な破壊ですね。ビデオにありましたバーミヤンの大仏[11]は人為的に破壊されました。実はその前に紛争、戦争なり内戦によって文化遺産が破壊されるのを防ぐというのが、大戦後の大きな課題になっていました。第二次大戦中、京都、奈良は幸いにして連合軍の自粛によって爆撃を免れたわけですけど、その他のところでは大変な文化遺産が破壊されました。ヨーロッパもしかりで、ユネスコが第二次大戦後非常に力を入れた文化関係の条約の第1号は、「紛争下における文化財保護条約」（通称ハーグ条約）でありまして、1954年に成立いたしました。[12]

　これは戦争のみならず内戦も対象にしており、事前に文化財を登録して、それを破壊してはいけないということを敵と味方にはっきり認識させて、破壊すればそれを犯罪とするということです。この第1号で適用されているのは、旧ユーゴスラビア連邦でありまして、旧ユーゴ連邦の主導者たちが内戦の過程で

図表0-3　世界の外国人訪問者数および世界遺産数

世界各国・地域への外国人訪問者数 (2008年) ランキング		国別世界遺産数 (2010年) ランキング	
1位	フランス	1位	イタリア
2位	アメリカ	2位	スペイン
3位	スペイン	3位	中国
4位	中国	4位	フランス
5位	イタリア	5位	ドイツ
6位	イギリス	6位	メキシコ
7位	ウクライナ	7位	イギリス
8位	トルコ	同	インド
9位	ドイツ	9位	ロシア
10位	ロシア	10位	アメリカ
11位	メキシコ	11位	ブラジル
12位	マレーシア	同	オーストラリア
13位	オーストラリア	13位	ギリシャ
14位	ギリシャ	14位	カナダ
15位	香港	15位	スウェーデン
16位	カナダ	同	日本
17位	サウジアラビア	17位	ポーランド
18位	タイ	同	ポルトガル
19位	ポーランド	19位	チェコ
20位	ポルトガル	同	イラン
︙			
28位	日本		

出典：ユネスコ世界遺産委員会および日本政府観光局（JNTO）の資料をもとに編著者作成。

いろんな文化遺産を破壊しています。幸いにしてユーゴ連邦はハーグ条約を批准しており、ハーグ条約に反すると犯罪になります。日本はなかなかこの条約を批准せず、私が尽力しましてようやく批准いたしました。細かいことですが、2つの議定書がついており、第1議定書が1954年承認、採択されたのですが、第2議定書というのは1999年に採択されて、日本は条約本体と第1、第2議定書を同時に批准しまして、日本はその委員会のメンバーです。

　この人為的破壊から文化財を守るということは、ハーグ条約および第1、第2議定書で国際的な体制はできました。ただそれをしっかり国内法で実施して

いく必要があります。守ってもらわなければいけない。ここで抜けているのが、タリバン政権がやったように、戦争や内戦でない時の意図的な破壊ということです。今の国際的法体制では、残念ながら抜け穴があり対処したかったのですが、残念ながらそこまで手が回りませんでした。今後は、タリバン政権がしたようなことを犯罪とする、正確にいえばアフガニスタンがその条約を批准していないとだめですけど、そういう条約を将来的に作る必要があると思っています。

それから3番目が開発との関係で、これは京都も奈良の寺社仏閣も都市の中にありますし、世界遺産になっている都市に共通の問題です。私はパリに10年半住んでおりましたけど、パリも深刻な問題を抱えています。しかしながら、パリはかなり早い段階でこの建築基準法が非常に厳しく規制をして、京都と一緒でパリ市も部分的に重要な文化的な建築物を世界遺産にしていますけど、それだけではなくてパリの中核のところに非常に厳しい建築規制をかけております。そういう建築規制をかけて、従来からの文化的な建造物を守っていくことは、世界的に見てもモデルになるのではないかと思っております。

それから4番目はですね、観光との関係で、観光客は世界遺産があると増えます。観光客が増えること事態は非常にいいことですけど、持続的な観光という見地から、観光客が増える結果、この本体の文化遺産に害が生じては困るわけです。これをしっかり規制していく必要がございます。これはしっかり国内法の体制を整える必要があります。

チリのイースター島のモアイ像[13]を私も見に行きましたけど、このモアイ像は非常に柔らかい石に刻みこんであります。みんな上を向いており非常に感銘を受けるところでありますが、サンチャゴ市で記者会見を開きましたところ、その直前に日本の学生が来て、モアイ像に自分の名前と住所を掘り込んだそうです。石が柔らかいので、ペンか何かできつくやれば掘りこめるらしいですね。そのモアイ像は倒れていたのでいいと思ったらしいのですけど、そういうことはチリの国内法では犯罪です。それで日本ではどういう教育をしているのだ、文化遺産に名前を彫るとはと聞かれました。名前が書いてあるから本人は否定できないわけで、そういうことをしてはいけないという教育をしてないのかと

いわれて私は恥ずかしい思いをいたしました。そのとき私は、日本人というのは非常に規律正しい国民で、そういう人は例外中の例外だという釈明をしました。ユネスコが力を入れているのは国際条約を作り、それに基づいて国内法を作ってもらう。しかしそれだけでは十分ではなく、しっかり国民1人ひとりが問題意識をもって法律を守る、

モアイ像の前に立つ松浦晃一郎氏
(写真提供:松浦晃一郎)

あるいは法律がなくても文化遺産を大事に守っていくという教育をしっかりしていく必要があると思います。

　最後にあげたいのは、グローバル化との関係です。これは無形の文化遺産に特に当てはまることでございます。やはりグローバル化のプラス面はたくさんあります。しかしマイナスの1つは固有の文化が失われていく。固有の文化というのは無形文化遺産というもので、日本は幸い昭和25年の「文化財保護法」があり、それは誇りに思っています。特に無形の文化遺産を非常に大事にしてきました。やはりこの無形の文化遺産というものを世界全体で大事にして、それぞれの国、さらにそれぞれの地域社会、日本の場合、少数民族は少ないですけど、中国などでは少数民族の数が非常に多いわけですね。ですから少数民族の文化を守っていくと。それについて多数を占める民族が協力していくと。同化するのではなくて少数民族は少数民族固有の文化をしっかり維持していくことに協力するということが必要だと思います。これはグローバルの時代に特に重要です。

　今、申し上げました5つの点、つまり、自然による破壊、人為的な破壊、それから開発による破壊、観光客を通じての損傷、5番目がグローバル化、この5つの脅威があるわけで、5つの脅威から人類の文化遺産をしっかり守っていかなくてはならない。ここまで人類がいろんな形でいろんな所に大事な文化遺

産を築きあげてきたわけですから、それをしっかり次世代につないでいくという必要が現代の世代にはあります。そのために今一番重要なことは、条約を作ること、それから制度を整備すること、色々ありますけど、何といっても1人ひとりの国民のみなさんが問題意識を持って自分たちの文化遺産を大事にしていく、それを保存する努力をしていくと、これが一言でいえば一番のカギであると思っています。これは私がどこでお話しする時も、いつも結びの言葉として述べることにしています。1時間ちょっとお話いたしましたので、まだ45分くらいあると思いますので質問にお答えする形でまたお話したいと思います。ありがとうございました。

5　質疑応答

質問　最初の質問は、世界遺産として登録される遺産の数に上限は設けられる可能性はあるのでしょうかということです。

松浦　はい。世界遺産の数はですね、現在890（2010年1月）で、新規登録は一時期毎年30件くらいあったのが20件くらいに下がってきて、個人的には私は20件前後に定着するかなと思っていましたら、この間，一気に13件に減るという事態が生じました。

　従来から自然遺産の諮問機関であるIUCN（国際自然保護連合）は、かなり厳しく審査していましたけれど、文化遺産のイコモス（国際記念物遺跡会議）は、1980、90年代はかなり鷹揚に審査していましたね。ところが2000年代に入ってだんだん厳しくなったようです。厳しくなってきた理由には、少し世界遺産が増えすぎて、中にはなぜこれが世界遺産なのかという批判もあります。そんなこともイコモスの専門家の耳に入ったと思います。それから特に文化遺産ですが、1つの登録された遺産の中にかなりの数の物件があります。これは誰が見ても世界遺産というのは出尽くしたといったら、まだ残っているところに失礼になりますが、各国の代表的なものはすでに出ているものですから、どうしてもその次に出てくるものに関しては残念ながら従来よりも普遍的な価値が下がる、という2つの要素があると思います。

ですから、イコモスの審査が厳しくなったのが１つ。それから出てくる候補案件の質が残念ながらかつてより低下したというのが２つ目の理由です。その両方があわさって毎年の登録件数が減ってきています。裏返していえば、やはりこれから新規に登録するためには、特に文化遺産については、いい候補案件をしっかりした形で提案することが大切です。コンセプトをしっかり作って、候補案件の中でも何でもかんでもではなく、究極のものを中心に絞ってしっかり理論づけをして出すことが必要になってくると思います。

　その関連でマスコミの方から、世界遺産の数がどこまで増え続けますか、どこかで上限設けることがありますかとよく聞かれます。上限をいくつにするという議論は真剣に始めるのは早すぎます。しかしながら、世界遺産の数が1000とか2000を超えるようになると、顕著な普遍的価値のあるものが本当にそんなにあるのかという反論を招きかねないので、どこかで議論が行われると思います。今全部で890件あって毎年仮に20件ずつ増えるとすると、６年後には1000を超えます。1000を超えるとそろそろ真剣に議論しなければと思いますが、かといってすぐに結論がでるということではないと思っています。

　それからもう１つ申し上げなければいけないのは、全部で186カ国が世界遺産条約を批准していますが、世界遺産をもってない国がまだ40近くございます。実は世界遺産を１つも持っていない国が38カ国（2010年１月）あります。これらの国はぜひ世界遺産を１つでももちたいわけです。審査を厳しくした時、実は世界遺産を１つももっていない国に関してもイコモスは厳しく審査しますけど、世界遺産委員会ではやはり政治的な要素が入ってきまして、まあこの国、こんなに一生懸命に世界遺産の申請をようやく１つ真剣に出してきたのだから、このくらいはしてあげようじゃないかという議論が、世界遺産委員会では行われます。ですから、今の上限の話を真剣にするとすれば、世界遺産をもたない38の国が最低でも１つはもつようにならなければ、なかなかそういう議論が真剣に行われないかもしれません。もってない国から見れば、自分たちに１つもないのにもう上限の話をするのかということです。このような国は途上国が多いです。アフリカの国や太平洋の国が反発すると思います。そういう意味でもまだ上限を決めるのは早すぎると思います。

第Ⅰ部　世界遺産を語る

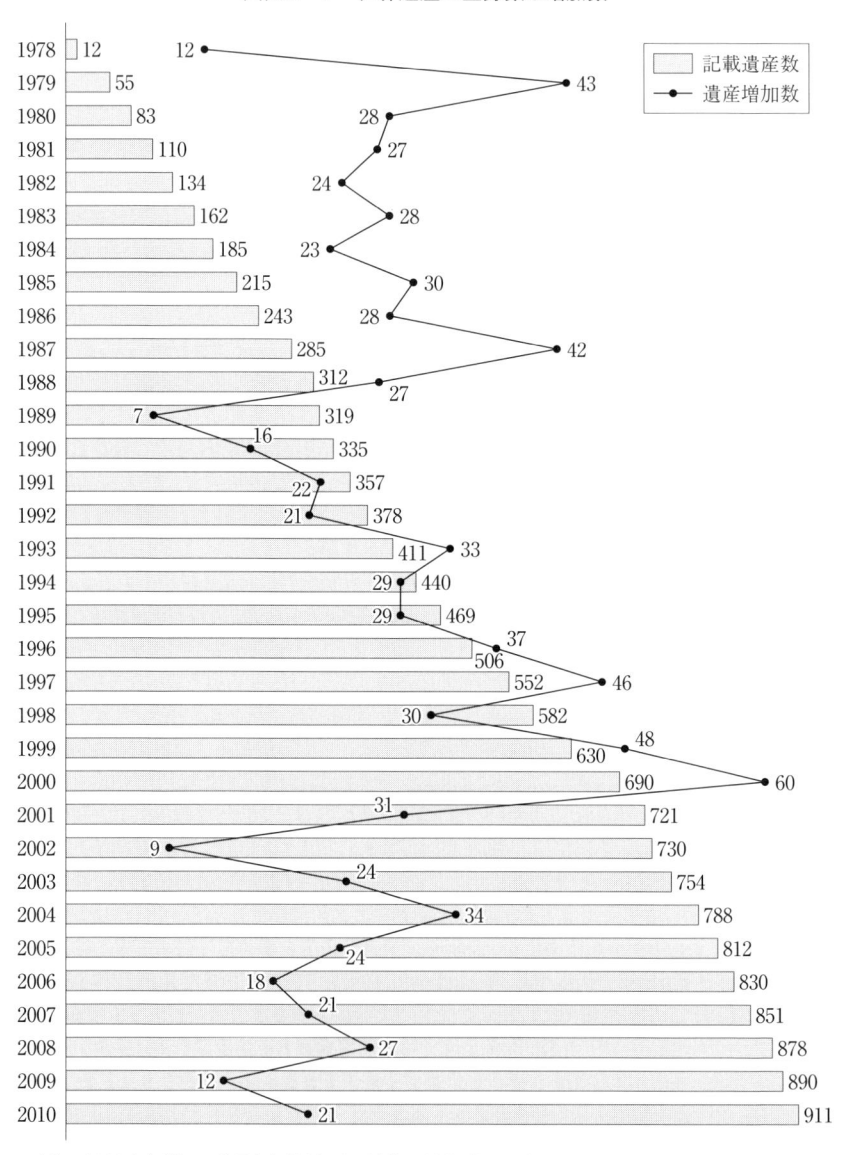

図表 0-4　世界遺産の登録数と増加数

年	記載遺産数	遺産増加数
1978	12	12
1979	55	43
1980	83	28
1981	110	27
1982	134	24
1983	162	28
1984	185	23
1985	215	30
1986	243	28
1987	285	42
1988	312	27
1989	319	7
1990	335	16
1991	357	22
1992	378	21
1993	411	33
1994	440	29
1995	469	29
1996	506	37
1997	552	46
1998	582	30
1999	630	48
2000	690	60
2001	721	31
2002	730	9
2003	754	24
2004	788	34
2005	812	24
2006	830	18
2007	851	21
2008	878	27
2009	890	12
2010	911	21

出典：市川富士夫「第34回世界遺産委員会の概要」『月刊文化財』2010年11月。

質問 有形と無形の文化財のお話が出てまいりました。無形文化遺産の重要性はよくわかりましたが、いずれ有形と無形を同じ条約にするというような発想はあるのでしょうか？それから無形遺産には祭礼や宗教と関わるものが多いと思いますが、そういうことを国際的に保護することをどのように理解すればいいのでしょうか。もう1点、無形遺産の登録に関して、有形のイコモスのような審査機関をどうして設けていないのか、それはなぜかということをお聞きしたいと思います。

松浦 はい、遠い将来ですけど世界遺産という時、有形と無形が二本柱になってほしいと、私の願望を申し上げました。ただこれはすぐ実現することはない。その場合、前提は条約を1つにするということではありません。そもそもコンセプトが違うので、有形に関してはできるだけまず原型をとどめておく、つまりオーセンティシティという概念がしっかりあるわけです。そのような概念は無形にはありません。無形は人から人へ伝えられる過程で当然変化する。その変化がまた無形を豊かにしていくという風に考えていて、そこが完全に違うわけですね。ですから条約を1つにするということはございません。

　実は最初はですね、文化遺産だけを保護するという流れがあって、他方アメリカなどは自然について別な流れで世界遺産条約を作ろうという動きがありました。あるフランス人が両者を一本化すべきであると主張して、文化遺産と自然遺産を両方とりこんでいくことになりました。これは正しいアプローチだと今も思っております。基本的にできるだけ原型をとどめておく、それから先ほどのオーセンティシティという概念をしっかりと確立する。それからもう1つ、これも専門的な用語でオーセンティシティと並んで、インテグリティ（完全性）、最初の原型を部分的ではなくて全体として原型をとどめる概念です。このオーセンティシティとインテグリティという概念は、自然遺産にも当てはまりますが、無形遺産には当てはまらないので、そういう意味で1つの条約にするのは無理だと思います。

　ですから条約は二本立てでいいのですが、有形だけが世界遺産だというのはおかしいので、やはりこれは言葉の問題かもしれませんけど、世界遺産という時には、有形の世界遺産と無形の世界遺産があってしかるべきだということで

あります。

　それから宗教との関係はですね。これは例えば有形の場合、教会など色々入っておりますね。宗教だからといって除外はしていない。無形の場合も同じです。ただ、人権という概念が入っています。この人権に反するような伝統的な儀式、それが宗教に関連したものにせよ、それは入れないということは条約にうたわれています。人権を守るという前提でありますから、人権に反するような儀式、仮にそれが宗教に関してもできません。そうでなければ、宗教に関連しているからといって除くということはせず、むしろ宗教に関連したものでも、先述の無形の5つの形態に該当するものは入れていくということです。

　2009年に新規登録された73件の無形遺産を全部覚えていませんが、その中には宗教に関連するものも入っています。日本が出した13を見ても、例えば神楽などが入っていますが、神楽も強いていえば宗教に関係あります。外国のものは、例えば「傑作宣言」を3回採択した（計90件）うち、第1回の傑作宣言で認められた最初の19の中に、スペインの遺産で「エルチェの神秘儀」[14]があります。英語でいうとミステリープレイ風に書かれたもので、それも地元の教会でプロの人ではなくて一般の人が参加する形で、バレンシア語で演ずる劇があります。これは宗教そのものですけど、これが入ってきました。まとめますと、宗教に関しては人権に反するという要素が入ってこない限り認められます。

　それから無形を審査するイコモスのような機関を作りにくいのは、さっき申し上げた5つの分野があって、その5分野も1つひとつが多岐にわたるわけです。ですから、それらを全部網羅できるイコモスのような機関は残念ながら存在しないわけです。例えば伝統工芸技術というのも、たくさんの伝統工芸技術が世界各地にあって、それらをしっかり評価できる専門家はいません。今はいろんなNGOを使って、いろんな専門分野にわたってやっています。何十というNGOの協力を得て試行錯誤です。もう少し絞っていかないとと思っています。しっかりしたのもあれば、あまりしっかりしてないのもあったりするので、ユネスコ事務局からみればやりにくいところもございます。有形遺産の審査に当たるイコモスは歴史もあるし専門家集団として確立していますので、イコモスの意見というのは権威をもちます。無形に関してはそのような団体が育って

いないので、細分化されたいろんな NGO を、今後、1 つに決める必要はないのですが、それぞれの分野で育てていくというのが今後大きなユネスコの課題だと思っています。

質問 次は世界遺産と観光との関係でいくつか質問がきています。観光の文化の活用と都市の関係、観光と保護の関係について。それからメディアでは世界遺産イコール観光のような報道もありますが、そういったメディアについてのお考えもうかがいたいと思います。

松浦 2 番目のご質問を最初にお答えすると、私が事務局長になる前に日本の TBS と協定結びました。スポンサーから資金援助を得て世界遺産を報道することは、断片的にはいろんな国のメディアがしているのですが、TBS のように 10 年以上かけてしっかりした番組を作ってくれるのは他にありません。なかなかいい番組になっていました。やはりメディアが世界遺産を一般の多くの人に、特にテレビで紹介するというのは非常に重要なことだと思います。NHKに対しては世界遺産だけでなくて、無形も取り上げてほしいということで協定を結びました。当初は世界遺産ということでしたが、だんだん無形も取り上げて、それもいい時間帯にやってくれているようで、いろんな方から NHK の番組を見て世界遺産に対する認識を深めたというコメントを頂いています。

　ですからメディア、特にテレビの演ずる役割は非常に重要だと思っております。それから無形遺産については、朝日新聞と提携して夕刊に連載しております。テレビという見地からいえば、有形は動かないわけですからなかなか映像しにくい。無形はそれ自体が物語になるので、テレビには無形のほうがいいと思います。しかしながら知名度や視聴率からいうと、なかなか無形は日本では知られてないのに対して、有形は非常に知られていますから、みなさん見に行きたいと思っている世界遺産、そういうのを関心もってご覧になると思います。無形は、名前が知られてないしわかりにくいのでしょうか。そんなこともあって私はテレビ会社のほうで無形をもっと紹介してほしいと思っています。やっぱりテレビでないとなかなか理解してもらえないです。メディアが世界遺産に関心を払ってくれるのは有り難いことで、これは世界的な傾向です。テレビの

次元で見れば一番私は日本のテレビがしっかりやってくれていると思っています。

それから観光の点について、私は基本的には、世界遺産を観光客がそれぞれ見て評価することは非常にいいことだと思います。ただ２つの限定があります。

１つはただ見て感心するだけではなく、それぞれの世界遺産には、特に文化遺産には歴史的な背景がありますね。その民族、その国の歴史と密接に関連しているわけです。それをしっかり勉強して単にこう見てキレイだなあというだけではなくて、歴史的な重みというのをしっかり評価してほしいと、それを勉強した上で見てほしいということを思います。

それからもう１つは、私が本を書いた理由の１つでしたが、日本のいろんな世界遺産の案内書でも１つひとつの世界遺産についての説明はそれなりにありますが、世界遺産がどういう経緯でできて、どういう風な問題点があってどういう風に保護していこうとしているのか、そういう世界遺産の全体像をしっかり見て、その中で自分が見たのがどういう位置づけになっているかを勉強していただきたい。この２点です。

ですから個々の世界遺産のその国の歴史の占める位置づけ、背景をしっかり理解した上で見てほしい。やはり世界遺産体制というのはどうなっているのか、ユネスコや国際社会が文化遺産をどう守るかという体制を作って、その中でどういう位置づけを示しているのかを理解してほしい。この２点をいつも強調しています。そういう前提で観光客は歓迎すべきであると思います。しかしながらやはり限度はあるので、観光客が無制限に来ると「持続的な観光」というのはできなくなります。本体を傷つけますから、やはり観光客を入れるところは制約をかして、観光客の数についても時間についてもしっかりしたルール作りは当然だと思います。それからモアイ像の話もしましたが、観光客がきちんとしたモラルを持って行動するということが、当然必要になってくると思います。

質問 日本の遺産に関して、具体的には富士山の世界遺産登録の可能性はどうなのかというご質問と、それから日本は世界遺産に対して支援をしていますが、日本も経済的に保護は難しい遺産があって、日本は世界遺産基金を使えないの

かとかというご質問があります。さらに、京都に関しては、京都が世界遺産の範囲を拡大しようとしている、そういう動きがありますが、そのことに関するメリット、デメリットをお聞かせください。

松浦 はい。まとめてお答えいたしますと、世界遺産の中で保存状態がかんばしくないもの、危険に晒されている遺産が登録される危機リストというものがあり、30件ほど登録されています。そこに日本の遺産は入っておりません。それは裏返していえば日本の14の世界遺産はきちんと保存されているということになる。ただ、どのくらいで危機リストに載るかといいますと、相当高い危険がせまっている、あるいはすでに問題が生じている遺産ということであって、載っていないということは大きな危険には晒されていませんが、小さな危険には晒されている場合はあります。

京都は登録から15年になりますけど、地域社会の1人ひとりの責任は大きいです。京都については、私が事務局長になってから、銀閣時の裏の森をつぶしてアパートを造るという話が出ていましたが、これは京都の人が問題にして話し合いをしました。世界遺産には17の神社、仏閣の世界遺産地域が設定されており、その外にバッファゾーンというのを設けています。このバッファゾーンの外であっても、景観、英語でランスルー、平たくいえば見た目ですね、例えば銀閣寺の裏に今しっかり森があるからいいですが、その森の後ろに高層建築がボンボンと建ったら、やはり銀閣寺の景観が損なわれるわけです。

ユネスコでは厳しくみています。他国の例でいえば、例えばオーストリアのウイーンにいくつか重要な宮殿がありますが、ここに町のショッピングセンターをつくることになりました。これはバッファゾーンの外ですが、やはり景観を損ねるということでユネスコは問題視して、オーストリア政府に伝えました。けれども、実は建物の規制はウイーン市でやっていて政府の権限ではない。法的に介入する権限がありません。しかしそれで高層のショッピングセンターができると、世界遺産から削除することになりますよというのをウイーンの人に説明しまして、オーストリア政府も参加して話しあって、ショッピングセンターは作ってもタワーはやめることになりました。銀閣寺の場合も、結局、高層のものは作らないと聞いて安心しました。このように1つひとつみなさん方が

目を光らして、計画が動き出したらもう遅いので，計画段階で対応することが大切です。

　最近の例で申しますと、ドイツのドレスデンは第二次大戦が終わるころ、連合軍に徹底的に破壊されました。そして戦後復活した。オーセンティシティの見地から建物だけでは世界遺産にできないので、「文化的景観」という概念でとらえて、3、4年前に登録しました。ところが川をはさんだ右側の新興住宅地に人が増えて、既存の橋が2つでは渋滞がすごくて3つ目か4つ目の橋を、近代的な橋を作るということになりました。それについて住民の間でまったく意見がわかれました。橋を作ることに賛成か反対かということです。

　住民投票はわずかですけど賛成が上回りました。橋を作ったらどういうリスクがあるかをきちんと市民に説明してなかったのです。橋を作ったらユネスコの世界遺産から除籍されるとして危機遺産リストに載ったのですけど、そのリスクを説明してないのです。賛成の人は，橋を作ってもユネスコはそこまでしないだろう、世界遺産として維持できるだろうと思って、あるいはそんなこと全然知らないで賛成している。連邦政府が相談に来ましたが、先述のウイーン市と同じで、これはドレスデン市の権限で連邦政府は対応できません。さらに政治問題も絡み、結局、市が計画を断行しました。そうして2009年ドレスデンは世界遺産から除籍ということが起きました。当時ドレスデン市民の賛成派もびっくりしたと思います。そこまでユネスコがやると思ってなかったのですね。ですからドレスデン市民の方には申し訳ないですが、彼らはそういうリスクをとったわけです。

　これは日本にとってもいい教訓になっております。京都のみなさんもそういうリスクがあるということをぜひ頭においていただければ。それで、世界遺産の対象の物件を増やすことは非常に結構ですけど、やはりその時に、本体が日本的な建築の価値をもっているということは必須条件です。それだけでなく景観がしっかり保たれているかどうかということを最近は厳しく検証しますから、その近くや背後に大きなビルが建っていたりすると残念ながら認められませんので、そういうこともしっかりチェックした上で検討されるといいと思います。京都の世界遺産指定地域を拡大することは、考え方としては非常に結構だと思

います。その代わりその近くに大きなビルとか今後建てられない、開発が進められないということを、地元のみなさんがしっかり意識される必要があると思います。そういう制約があっても世界遺産に拡大登録したいということであれば、事前審査がありイコモスの専門家が厳しく見ますから、その審査を通らないといけないということになると思います。

　それから富士山については、自然遺産ではなくて文化遺産、文化的景観ですね、先ほども紹介したトンガリロの場合はまったく開発を認めてないのです。富士山は一番の難点は開発が進みすぎていることです。下から何合目かは切り捨てて、開発が行われていない上の何合目から上だけで文化的景観として進めていけるかというのがカギですね。今の段階で大丈夫だともだめだとも申し上げにくいですが、「文化的景観」で何合目かから上だけを申請して、それが専門家から見てしっかり納得のいくコンセプトで、顕著な普遍的価値があるという風に考えてくれるかどうか、これがカギだと思います。

　それから、日本の場合は危機遺産がないわけですが、「世界遺産基金」は準備段階からも活用できます。そういう意味では日本は法的にはそれを利用できますけど、今予算が少なく、大概貧しい途上国を中心に使っていますから、日本がそこに手をあげると他の先進国も手をあげることになり、私はその必要はないし感心しないと思います。

　つい最近、私は鎌倉にまいりました。鎌倉は暫定遺産にずっと載っていますが、まだ申請していません。そこで日本の専門家の意見だけでなく国際的な専門家の意見も聞きなさいと申し上げたら、今まで2度にわたって国際的なシンポジウム開きました。国際的にも名前が通っている2、3人を入れて、日本の専門家も入れて議論している。これは非常にいいことだと思います。私もぜひ協力してくださいと頼まれたので、アドバイスするつもりでおります。やはり鎌倉市の財政は存じませんけど、自前で外国の専門家も入れた専門家会議を開くこともできますから、あまり世界遺産基金を利用する必要はない、むしろ日本は国際協力をすべきだと思います。バーミヤンでは爆破された仏像以外でも、いろんな文化遺産があってそこに小さな穴ができています。そういうのをしっかり調べて保護体制を作るのが緊急の課題です。日本から専門家も出してユネ

第Ⅰ部　世界遺産を語る

スコとして協力している、これ非常にいいことだなと。むしろ日本はいろんな形でそういう国の文化遺産を協力する側になっています。それを引き続き強化していただきたいと思います。

1) Universal Declaration on Cultural Diversity, 2001.
2) 松浦晃一郎『世界遺産——ユネスコ事務局長は訴える』講談社、2008年。
3) 遺産の正式名称は「トンガリロ国立公園」1990年に自然遺産として登録、その後1993年に文化遺産としても登録された。
4) 正式名称は、「紀伊山地の霊場と参詣道」(2004年登録)。
5) その後、「文化的表現の多様性保護条約」が採択されている。
6) The Convention for the Safeguarding of the Intangible Cultural Heritage, 2003.
7) Nara Conference on Authenticity in Relation to the World Heritage Convention, Nara Japan, November 1994.
8) 2010年9月の時点では、世界遺産条約批准国は187カ国、無形遺産条約批准国は127カ国になった。
9) 正式名称は「人類の口承及び無形遺産の傑作宣言」、Proclamation of Masterpieces of the Oral and Intangible Heritage of Humanity, 2001.
10) 正式名称は「バムとその文化的景観」2004年に登録、2007年に危機遺産リストに載る。
11) 正式名称は「バーミヤン渓谷の文化的景観と古代遺跡群」2003年登録と同時に危機遺産リストにも記載された。
12) The Convention for the Protection of Cultural Property in the Event of Armed Conflict, 1954.
13) 正式名称は「ラパ・ヌイ国立公園」1995年登録。
14) 「エルチェ神秘儀」2001年登録。聖母の被昇天をテーマにした音楽劇。

第Ⅱ部

世界遺産を学ぶ

第1章
世界遺産と日本

安江　則子

1　はじめに

　近年、日本では文化力や観光立国という言葉がよく聞かれ、ユネスコ世界遺産に関する報道も多く国民的関心も高い。けれども、ユネスコという国際機関や、世界遺産条約の目的や登録基準などについてはあまり知られていない。本章では、まず、ユネスコの世界遺産条約の目的や精神、遺産登録の基準やしくみを紹介し、ユネスコ世界遺産と日本の文化遺産保護の考え方が、互いにどのように影響しあって展開されてきたかを明らかにする。

　そして特に90年代に、世界遺産の新たな概念として登場した「文化的景観」をとりあげる。「自然と融和した形で人類による手が加えられた景観」として、例えば、先住民の信仰の山、欧州の庭園景観やブドウ畑、そしてアジアの棚田などの風景が、世界遺産登録された。文化財保護法など早くから文化遺産の保護体制をつくり、その経験を世界に伝える立場にあった日本も、高度成長期に多くの景観を失ってきた。四季の風物を愛でる国においても、景観が法制度によって守られるべき文化であるという発想は乏しかった。世界遺産の認定において文化的景観の概念が登場してから12年後、日本でも独自の「文化的景観」政策が導入された。世界遺産条約における文化的景観の概念は、日本の政策にも影響を与えてきた。

　他方で日本が、世界遺産条約の運営に重要な貢献をしてきたことも事実である。ここで紹介する奈良文書など、日本の文化外交がユネスコの規範形成の場で発揮される場面もあった。

2　ユネスコと世界遺産条約

1　ユネスコとはどのような組織か

　世界遺産とは、1972年に採択された世界遺産条約（正式名称は、「世界の文化遺産及び自然遺産の保護に関する条約」）に基づいて登録された自然遺産や文化遺産である。そしてその世界遺産条約の母体は、ユネスコ（UNESCO、国連教育科学文化機関）という国際機関である。ユネスコとはどのような組織なのだろうか。世界遺産条約の精神や、世界遺産登録の意味、遺産保護へのアプローチを知るためには、まずユネスコという組織を知ることが不可欠である。

　ユネスコは、第二次世界大戦後の1945年11月に採択されたユネスコ憲章に基づいて、翌年パリに設立された国際連合の専門機関である。ユネスコは、教育・科学・文化・コミュニケーション・情報分野を対象とし、平和構築、貧困削減、持続可能な開発、異文化間の対話などに取り組んでいる。

　ユネスコ憲章第1条1項には、「国連憲章が世界の諸人民に対して人種・性・言語または宗教の差別なく確認している正義・法の支配・人権および基本的自由に対する普遍的な尊重を促進するために、教育・科学および文化を通して諸国民間の協力を促進することによって、平和および安全に貢献すること」とある。国連とほぼ同時に誕生したが、その前身は1922年に国際連盟の諮問機関として設けられた「国際知的協力委員会[1]」にさかのぼる。委員会にはキュリー夫人やアインシュタインなど世界の著名な知識人が参加していた。日本人では、国際連盟の事務局次長であった新渡戸稲造がこの機関の執行部を務めたこ

図表1-1　ユネスコの任務

ユネスコは、教育、科学、文化、コミュニケーション・情報の分野を通して、平和の構築、貧困削減、持続可能な開発、異文化間の対話に貢献する
①　万人のための質の高い教育
②　持続可能な開発のための科学的知識と政策の動員
③　新たな倫理課題への取組み
④　文化的多様性と異文化間の対話の促進
⑤　情報とコミュニケーションを通じた知識社会の構築

ともあった。

　第二次世界大戦中の1942年、連合国は、国際連合設立の準備と並行して、戦後の平和復興における教育や文化の役割を重視し、教育大臣会合を開催していた。ここでユネスコの創設が決まった。ユネスコ憲章の前文には「戦争は人の心の中で生まれるのだから、人の心の中に平和の砦を築かなければならない」という有名な一節がある。国連の安全保障理事会が、最終的には軍事力によって国際紛争を解決する手段を備えているのに対して、ユネスコは教育・科学・文化といった人間の精神とかかわる方法を通して紛争を防ぐことを理念としている。ユネスコの通常予算は2年分で約6億5000万ドル（2009年-2010年）であり、主要国は国連への分担金比率とほぼ同じ割合で分担金を拠出している。開発系の国連機関の1つとして位置づけられるが、UNDP（国連開発計画）などフィールド活動を中心に展開している国連機関と比べて予算規模は小さい。

　日本は、第二次世界大戦後、1956年まで国連への加盟を果たせなかったが、1951年には国連の専門機関であるユネスコ加盟を認められた。アメリカがユネスコを脱退していた1980年代から2003年までの期間、日本はユネスコに対して最大の財政的貢献を行った国であった。また1999年から2009年までの10年間、松浦晃一郎氏が事務局長を務められた。本書には、松浦氏の講演が収録されているが、「無形文化遺産条約[2]」や「文化的表現の多様性保護条約[3]」の採択や批准の推進など、文化分野のユネスコの活動に多大な貢献をされている[4]。

　ユネスコの全体像を理解するために、世界遺産以外の分野におけるユネスコの活動についても簡単に触れておきたい。第1は教育分野である。この分野の主要な活動に、「万人のための教育」（EFA, Education for All）がある。これはユネスコが他の国連の開発系機関と協力して、初等教育の普及、識字率向上、そのための教員育成などを支援するものである。日本ユネスコ協会は「世界寺子屋運動」などでユネスコの活動に協力している[5]。第2に、科学分野であり、例えば遺伝子組み換え問題の研究、生物圏保護、淡水に関する水資源の総合的管理などに取り組んでいる。第3に、文化部門であり、文化の多様性保護、文明間の対話、文化と開発の問題などを主要テーマとしてきた。特に冷戦後、アメリカの政治学者ハンチントンが「文明の衝突[6]」を人類の新たな対立の図式と

する見解を示したのに対して、ユネスコは「文明間の対話」を促進する活動を行っている[7]。今日では文化相対主義がユネスコの基本的なスタンスになっている。第4のコミュニケーション分野では、思想・報道の自由・メディアの多元性を基本として、情報へのアクセスの重要性からデジタルデバイド問題などに取り組んでいる。

　こうしたユネスコの各分野での活動方針やその精神は、世界遺産条約や無形文化遺産条約にも投影されている。文化関連の活動は、様々な条約の締結とその条約の実施のための活動に見ることができる。ユネスコは早い段階から、著作権保護条約（1951年）、紛争下の文化財保護条約（1954年）、文化財の不法輸出入禁止条約（1970年）、世界遺産条約（1972年）の採択に取り組んできた（3頁，図表0-1参照）。80年代には、ユネスコはアメリカとその運営について対立し、アメリカは1984年ユネスコを脱退している。ユネスコは、5大国が拒否権をもつ国連安保理などと異なり、数で上回る途上国の意向が反映されやすい意思決定方式をもつ。レーガン政権下のアメリカは、ユネスコの活動が過度に政治化しており、また行政的にも非効率な組織だとしてユネスコを批判し、脱退を通告した[8]。しかし2003年、アメリカはユネスコの行政改革が進んだことなどを評価し復帰している。21世紀にはいってからは、水中文化遺産保護条約（2001年）、無形文化遺産条約（2003年）、文化的表現の多様性条約（2005年）が相次いで採択されるなど文化部門の国際的合意に新展開がみられた。

　冷戦後の世界において急速なグローバル化が進展する中、文化的な多様性を価値として掲げるユネスコの活動は再び注目を集めるようになった。文化関連のユネスコの活動の中で、もっとも知名度が高いものが世界遺産であろう。2010年現在、世界遺産条約の加盟国は187か国と国際条約の中でも最多を誇っている。

2　世界遺産条約のあらまし

　世界遺産条約は、文化遺産および自然遺産の保護や保存を目的として、人類共通の遺産として認定し、保護のための国際協力を推進しようというものである。よく知られているように、世界遺産条約は、1960年代にアスワンハイダム

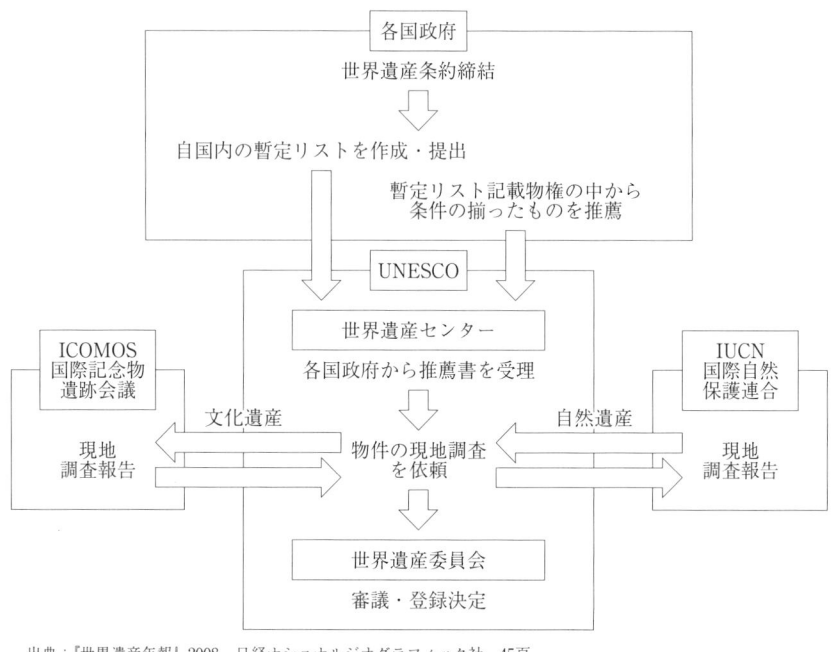

図表1-2　世界遺産リスト登録の流れ

```
                    各国政府
                       │
                  世界遺産条約締結
                       ↓
             自国内の暫定リストを作成・提出
                       │
                  暫定リスト記載物権の中から
                  条件の揃ったものを推薦
                       ↓
                    UNESCO
                  世界遺産センター
              各国政府から推薦書を受理
                       ↓
  ICOMOS                                    IUCN
  国際記念物          文化遺産  自然遺産    国際自然
  遺跡会議                                  保護連合
   現地          ←  物件の現地調査  →    現地
   調査報告         を依頼                  調査報告
                       ↓
                  世界遺産委員会
                  審議・登録決定
```

出典：『世界遺産年報』2008，日経ナショナルジオグラフィック社，45頁。

の建設によってエジプトのアブハンメル神殿（ヌベア遺跡）が水没する危機に直面した際、国際協力によってこの遺産を移転保存しようとする運動を契機に締結されることになった。世界遺産は、大きく自然遺産と文化遺産に分けられるが、自然遺産についてはアメリカの国立公園などではじまった自然保護活動、文化遺産については欧州諸国の考え方が反映されていた。

　世界遺産登録は、1978年に12件の物件が登録されたのを皮切りに開始され、2010年に新たに21件の遺産の登録が認められ、あわせて911件の物件が登録されている。日本の世界遺産は14件（文化11件、自然3件）である。世界遺産のうち文化遺産は、さらに①記念工作物（monuments）、②建造物群（group of buildings）、③遺跡（sites）の3つに分類されている。1979年からは文化遺産と自然遺産の両方の要素をあわせもつ「複合遺産」の登録も認められるようになった。

第1章　世界遺産と日本

図表1-3　日本の世界遺産と登録基準

自然遺産		登録基準
1　屋久島	1993年	(vii, ix)
2　白神山地	1993年	(ix)
3　知床	2005年	(ix, x)
文化遺産		
4　法隆寺地域の仏教建築物	1993年	(i, ii, iv, vi)
5　姫路城	1993年	(i, iv)
6　古都京都の文化財	1994年	(ii, iv)
7　白川郷と五箇山の合掌造り集落	1995年	(iv, v)
8　厳島神社	1996年	(i, ii, iv, vi)
9　広島平和記念碑	1996年	(vi)
10　古都奈良の文化財	1998年	(ii, iii, iv, vi)
11　日光の社寺	1999年	(i, iv, vi)
12　琉球王国のグスク及び関連遺産群	2000年	(ii, iii, vi)
13　紀伊山地の霊場と参詣道	2004年	(ii, iii, iv, vi)
14　石見銀山遺跡とその文化的景観	2007年	(ii, iii, v)

世界遺産登録基準（2005年）
(i) 人類の創造的才能を現す傑作であること。
(ii) ある期間、あるいは世界のある文化圏において、建築物、技術、記念碑、都市計画、景観設計の発展における人類の価値の重要な交流をしめていること。
(iii) 現存する、あるいはすでに消滅した文化的伝統や文明に対する独特な、あるいはまれな証拠を示していること。
(iv) 人類の歴史の重要な段階を物語る建築様式、あるいは建築的または技術的な集合体または景観に関する優れた見本であること。
(v) ある文化（または複数の文化）を特徴づけるような人類の伝統的集落や土地・海洋利用、あるいは人類と環境との相互作用を示す優れた例であること。特に抗しきれない歴史の流れによってその存続が危うくなっている場合。
(vi) 顕著で普遍的な価値をもつ出来事、生きた伝統、思想、信仰、芸術作品、あるいは文学的作品と直接または明白な関連があること（ただし、この基準は他の基準とあわせて用いられることが望ましい）。
(vii) 類例を見ない自然美および美的要素をもつ優れた自然現象、あるいは地域を含むこと。
(viii) 生命進化の記録、地形形成において進行しつつある重要な地学的過程、あるいは重要な地質学的自然地理学的特徴を含む、地球の歴史の主要な段階を代表すると顕著な例であること。
(ix) 陸上、淡水域、沿岸および海洋の生態系、動植物群集の進化や発展において、進行しつつある重要な生態学的・生物学的過程を代表する顕著な例であること。
(x) 学術上、あるいは保全上の観点から見て、顕著で普遍的な価値をもつ、絶滅のおそれがる種を含む、生物の多様性の野生状態における保全にとって、もっとも重要な自然の生育地を含むこと。

上記の基準のいずれか一つ以上に合致することが求められる。(i)から(iv)の基準の場合は文化遺産、(vii)から(x)の場合は自然遺産、どちらか含む場合は複合遺産として登録される。

出典：Operational Guidelines for the Implementation of the World Heritage Convention, WHC.08/01, UNESCO, World Heritage Centre, 2008.

世界遺産に登録されるためには、10の登録基準（図表1-3）のいずれかを満たすことが求められる（2005年改定）。また、世界遺産登録のためには、顕著な普遍的価値（OUV, Outstanding Universal Value）が備わっていることが必要とされる。オーセンティシティ（authenticity、真正性または真実性）とインテグリティ（integrity、完全性）という2つの基準が満たされなければならない。建造物群や遺跡などの文化遺産がもつ芸術的・歴史的価値としてのオーセンティシティは、修復などでオリジナリティが損なわれていないことを要求する基準である。またインテグリティは、遺産の価値を構成する必要な条件がすべて含まれており、長期的な保存のための法制度などが整っていることを意味する。

　世界遺産への登録手続きは、まず国内的な「暫定リスト」（tentative list）に登録され、ユネスコ内の世界遺産センターに報告されることから始まる。ただし、遺産を緊急に保護する必要性が高まっている遺跡については暫定リストに掲載されていなくても登録される可能性はある。世界では、あわせて1500件近い物件が加盟国の暫定リストに載せられている。日本では2010年現在、14件が暫定リストに挙がっている。そこから各国はユネスコの世界遺産センターに原則として年2件までの物件を世界遺産リストに載せるべく推薦する。2006年にはいったん1国1件（自然遺産を含む場合は2件）の原則が導入されたが、2007年からは4年間の期限つきで文化遺産2件の申請も認められた。まだ世界遺産を保有していない国は3件まで認められる。申請される物件は不動産でなければならず、国内法で保護保存の体制がとられ、バッファーゾーンの設定など適切な措置がとられていることが条件である。また申請は自国の物件に限られ、他国の物件を推薦することはできない。国以外の個人や団体も推薦することはできない。

　申請された世界遺産候補物件は、文化遺産についてはICOMOS（イコモス、国際記念物遺跡会議）、自然遺産についてはIUCN（国際自然保護連合）という民間団体である諮問機関に付託され、専門家によって評価報告書が作成され、世界遺産センターに送付される。この評価報告書を踏まえて、最終的な決定は締約国のうち21カ国で構成された世界遺産委員会で決定される。[10] 21カ国の委員会のメンバー国は6年の任期で選出されるが、実際には多くの国に委員となって

もらうために4年で辞退することが慣例化している。なお、世界遺産委員会の委員となる加盟国は、「世界の異なった地域や文化の均衡の取れた代表制が考慮される」ことになっているが、国連の安保理や経済社会理事会にみられるような明確な地理的配分はなされていない。世界遺産委員会で審議された世界遺産登録の可否に関する結果は、①登録（inscription）、②情報照会（referral）、③登録延期（deferral）、④不記載（decision not to inscribe）の4段階である。

　日本の世界遺産は現在14件（自然遺産3、文化遺産11）であり、暫定遺産リストには14件（自然遺産1、文化遺産13）の物件が載せられている。これ以外に自治体が世界遺産候補として推薦した物件は30以上あり、さらに、可能性はともかく世界遺産登録のための運動が行われていたり、かつて行われていたりした地域は100近くあるとされる[11]。世界遺産への登録を意識した地域の活動は大きな裾野をもつ[12]（図表1－4参照）。

　世界遺産登録のためには、国内法で保存・保護のための体制が整っていることが要件であるが、日本の場合、文化遺産については1950年に制定された「文化財保護法」、自然遺産については「自然公園法」（1959年）や「自然環境保全法」（1972年）によって保護されてきた。ただし多くの皇室財産は文化財保護法の対象ではなく、原則として世界遺産として申請することはできない。例外として、「古都奈良の文化財」の資産を構成している正倉院は、特別に文化財保護法の対象とされた。

　日本では、まず、文化庁、環境省、林野庁が暫定リストを選定し、その後専門家による検討委員会などを経て、外務省、国土交通省、環境省、林野庁、文化庁、水産庁、オブザーバーとして文部科学省、農林水産省からなる世界遺産条約関連省庁連絡会議に諮られ、世界遺産リストへの推薦が決定される。2011年の世界遺産委員会では、暫定リストの中から自然遺産1件（小笠原諸島）、文化遺産1件（平泉の文化遺産、2度目の申請、2008年には登録延期の決定）が推薦されることになった。

3 「文化的景観」という遺産

90年代に入ると、地球環境問題の顕在化やグローバル化の進展といった国際社会の変動に伴い、世界遺産に関する考え方にも変化が現れる。遺産の価値やオーセンティシティをめぐる考え方にどのように変わったであろうか。まず1992年の世界遺産委員会では、「文化的景観」という新たな概念が導入された。[13]また1994年には、後述する「グローバル・ストラテジー」や、「オーセンティシティに関する奈良文書」の採択などが続いた。ここでは、文化的景観の世界遺産登録と、日本の文化的景観政策について述べる。

1 「文化的景観」とは何か

世界遺産は、自然遺産と文化遺産に分類され、別々の登録基準に基づいて審査されていたが、しだいに自然環境と人々の生活や信仰との関係など、両者の密接なかかわりが注目されるようになった。1992年、アメリカのサンタフェで開催された世界遺産委員会で「文化的景観」（cultural landscape）の概念が導入された。文化的景観とは、自然と融和した形で人類による手が加えられた景観を意味する。文化的景観という新たな視点の導入は、世界遺産条約の改正ではなく、運用のためのガイドラインの修正によって実現した。

文化的景観は、次の3つのカテゴリーに分けられる。第1が、人類が意図的に意匠・創造した景観、（例えば庭園や公園など）、第2に、有機的に進化する景観（organically evolved landscape、例えばブドウ畑、棚田、鉱山遺跡など）で、このカテゴリーは、さらに残存する景観と（relict landscapes）と継続する景観（continuing landscapes）に分類される。第3に、人類と自然との精神的交流を示す景観（例えば信仰の山など）である。現在では60件を越える物件が文化的景観として登録されている。

文化的景観は、基本的に文化遺産に分類されるが、自然遺産としての性質をあわせもつ複合遺産であることも多い。文化的景観として最初に登録されたのは、ニュージーランドの「トンガリロ国立公園」やオーストラリアの「ウル

第1章　世界遺産と日本

図表1-4　日本にある世界遺産・国内暫定リスト

日本の世界遺産
❶知床　自然遺産　北海道　2005年7月登録
❷白神山地　自然遺産　青森県・秋田県　1993年12月登録
❸日光の社寺　文化遺産　栃木県　1999年12月登録
❹白川郷・五箇山の合掌造り集落　文化遺産
　岐阜県・富山県　1995年12月登録
❺古都京都の文化財　文化遺産　京都府・滋賀県
　1994年12月登録
❻古都奈良の文化財　文化遺産　奈良県　1998年12月登録
❼法隆寺地域の仏教建造物　文化遺産　奈良県
　1993年12月登録
❽紀伊山地の霊場と参詣道　文化遺産
　三重県・奈良県・和歌山県　2004年7月登録
❾姫路城　文化遺産　兵庫県　1993年12月登録
❿石見銀山遺跡と文化的景観　文化遺産　島根県
　2007年7月登録
⓫原爆ドーム　文化遺産　広島県　1996年12月登録
⓬厳島神社　文化遺産　広島県　1996年12月登録
⓭屋久島　自然遺産　鹿児島県　1993年12月登録
⓮琉球王国のグスク及び関連遺産群
　文化遺産　沖縄県　2000年12月登録

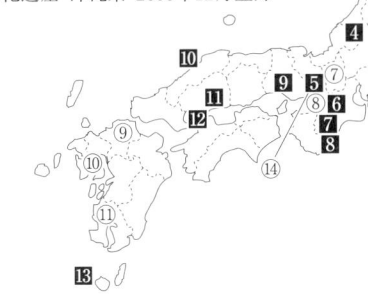

日本の世界遺産暫定リスト
①北海道・北東北の縄文遺跡群
②平泉の文化遺産　岩手県
③富岡製糸場と絹産業遺産群　群馬県
④国立西洋美術館・本館　東京都
⑤武家の古都・鎌倉　神奈川県
⑥富士山　山梨県・静岡県
⑦彦根城　滋賀県
⑧飛鳥・藤原の宮都と関連資産群　奈良県
⑨宗像・沖ノ島関連遺産群　福岡県
⑩長崎教会群とキリスト関連遺産　長崎県
⑪九州・山口の近代化産業遺産群
⑫小笠原諸島　東京都
⑬金を中心とする佐渡鉱山の遺産群　新潟県
⑭百舌鳥・古市古墳群　大阪府

37

御取納丁銀・文禄石州丁銀・御公用丁銀
(所蔵:島根県立古代出雲歴史博物館)

ル・カタ・ジュタ国立公園」である。トンガリロ国立公園は、1990年にまず3つの火山を中心とした自然遺産として登録されたが、その後93年にこの地が先住民マオリ族の信仰の対象であることから文化遺産としての価値も認められ、文化的景観とされた。同様に1987年に登録されていたウルル・カタ・ジュタも、同様に先住民アボリジニの聖地であることと自然遺産の保護とに不可分の関係があることから94年に文化的景観と認定された。

文化的景観には、フィリピンの「コルディリェーラ山脈の棚田」(1995年)や、フランスの「サンテミリオン地域」(1999年)ブドウ畑などの田園風景には、重要な記念碑・建造物・遺跡などがみられない遺産も多く、従来の文化遺産の範囲を実質的に拡大するカテゴリーといえる。

2003年の世界遺産委員会では、分離していた自然遺産と文化遺産の登録基準の一体化が決定された。2005年に現在のような登録基準が採択され、2007年の世界遺産委員会から新登録基準に基づいて審査されるようになった。

ユネスコの世界遺産条約とは別に、欧州では、2000年に欧州審議会において「欧州景観条約」[14]が採択された。この時期、欧州地域の典型的な文化的景観として、スペインの「アランフェスの文化的景観」(2001年)やフランスの「ロワール渓谷」(2000年)などが世界遺産にも登録されるなど、欧州においても文化的景観の価値を認め保護する動きが始まった。ただし、欧州景観条約では世界遺産条約のような顕著な普遍的価値は要求されていない。

さらに中東地域でも2007年に、アゼルバイジャンの岩屋や洞窟に残る旧石器時代の岩面彫刻遺跡「コブスタン・ロックアートの文化的景観」が世界遺産に登録されるなど、地理的・時代的に広がりを見せている。

第1章　世界遺産と日本

那智大門
(提供：和歌山県観光連盟)

大雲取越
(提供：和歌山県観光連盟)

　日本からは「紀伊山地の霊場と参詣道」(2004年)と「石見銀山遺跡とその文化的景観」(2007年)が文化的景観として登録されている。石見銀山は、「有機的に進化する景観」として、アジアで最初の鉱山遺跡となった。石見銀山では、「往時の鉱山運営に関わる土地利用の総体が、個々の構成要素間の有機的関係を明確に示しつつ、山林に覆われて当時のまま遺存している」ところに顕著な普遍的価値があり、「残存する景観」として評価された。また、祭礼や民俗行事などが地域住民によって連綿と継承されており、地域において現在も行われている人々の生活や生業のあり方に鉱山開発が盛んであった頃の機能の一部が伝達されていることから「継続する景観」としての顕著な普遍的価値も認められた。石見銀山では地元の郷土史家らの地道な研究や、閉山後もその景観をとどめ歴史を記録する活動が住民によって展開されていたことが、世界遺産登録への原動力となった。

　紀伊山地は、人類と自然との精神的交流を示す景観として認められた。紀伊山地の文化的景観を形成する記念碑と遺跡は、神道と仏教の融合であり、東アジアにおける宗教文化の交流と発展を証しており、また神社や仏教寺院は、関連する宗教行事とともに、千年以上にわたる日本の宗教文化の発展に関する優れた証拠であるとされた。紀伊山地は神社・寺院建築のたぐいまれな様式の原

39

型となり、それらは日本の紀伊山地以外の寺院・神社建築に重要な影響を与えた。同時に、紀伊山地の遺跡と森林景観は、過去1200年以上にわたる聖山の持続的で記録に残る伝統を反映していることが評価された。

日本の暫定遺産リストに載せられている「富士山」についても、自然遺産ではなく文化遺産として、「文化的景観」としての性格が強調されている。富士山は自然遺産としてみると開発の手が入りすぎているが、信仰の対象であることや、また葛飾北斎の富嶽三六景などの浮世絵や和歌など多くの芸術作品のモチーフになっていることで、文化的景観としての要素を満たす可能性があると考えられている。富士五湖など周辺の景観も重要な要素として考えられるが、世界遺産となれば土地の利用に大きな制限が課せられることから地元企業などの反対があり、暫定遺産の登録区域からは除外されている。今後はアジア地域の他の信仰の山との比較研究を行うことの重要性が指摘されている。

2　日本の文化的景観政策への影響

ユネスコによる「文化的景観」の概念の導入から12年後、日本では2004年に文化財保護法の改正が行われ、国内においても日本独自に「文化的景観」が定義され、その保護体制がとられることになった。世界遺産条約の場で登場した文化的景観の概念は、日本独自の景観保護政策にも影響を与えたといえよう。

2004年の文化財保護法改正に先立ち、2003年に文化庁により『農林水産業に関連する文化的景観の保護に関する調査報告』[16]が公表されている。この調査は2000年に開始され、2,300件の地域を第1次調査の対象とした。第1次調査の対象地域のうち、4つの基準の2つ以上を満たす502の地域が選定され、第2次調査の対象となった。4つの基準とは、①農林水産業の景観又は農林水産業と深い関連性を有する景観で、独特の性質と構成要素が認められる、②景観百選の類に選定又は出版物等において紹介され、一般的に風景上の価値が周知されている、③現在においてもなお農林水産業又はこれらに代わる営みが継続され、景観が維持されている、④近年の改変による大規模な影響を受けず、本質的な価値を伝えていること、である。

さらに第2次調査の結果、文化的景観は4分野に分類された。①土地利用に

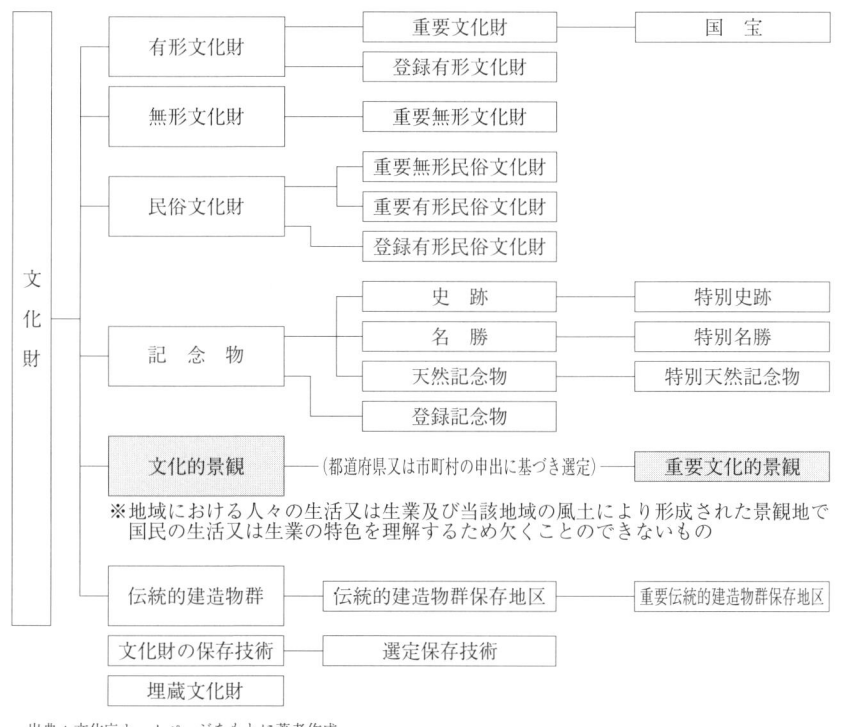

図表1-5　日本の文化財保護の体系

```
文化財 ─┬─ 有形文化財 ─┬─ 重要文化財 ─── 国　宝
        │              └─ 登録有形文化財
        ├─ 無形文化財 ─── 重要無形文化財
        ├─ 民俗文化財 ─┬─ 重要無形民俗文化財
        │              ├─ 重要有形民俗文化財
        │              └─ 登録有形民俗文化財
        ├─ 記　念　物 ─┬─ 史　跡 ─── 特別史跡
        │              ├─ 名　勝 ─── 特別名勝
        │              ├─ 天然記念物 ─── 特別天然記念物
        │              └─ 登録記念物
        ├─ 文化的景観 ─── (都道府県又は市町村の申出に基づき選定) ─── 重要文化的景観
        │   ※地域における人々の生活又は生業及び当該地域の風土により形成された景観地で
        │     国民の生活又は生業の特色を理解するため欠くことのできないもの
        ├─ 伝統的建造物群 ─── 伝統的建造物群保存地区 ─── 重要伝統的建造物群保存地区
        ├─ 文化財の保存技術 ─── 選定保存技術
        └─ 埋蔵文化財
```

出典：文化庁ホームページをもとに著者作成。

関するもの、②風土に関するもの、③伝統的産業及び生活を示す文化財と一体となり周辺に展開するもの、④これらの複合景観である。第2次調査の分類に対応して第2次選考では、以下の基準が用いられた。①農山漁村地域に固有の伝統的産業及び生活と密接に関わり、独特の土地利用の典型的な形態を顕著に示すもの、②農山漁村地域の歴史及び生活と密接に関わり、固有の風土的特色を顕著に示すもの、③農林水産業の伝統的産業及び生活を示す単独又は一群の文化財の周辺に展開し、それらと不可分の一体的価値を構成するもの、④ⅠからⅢが複合することにより、地域的特色を顕著に示すもの。

　第2次選考には4つの視点が留意された。①「美しさ」「やすらぎ」など、その地域の原風景としての「文化的景観」が人間の感性に与える好ましい影響

等、②絶滅危惧種などの貴重な生物および多様な動植物の生息地を伴う場合が多く、それらが自然の生態系において果たす役割、③特定の地域的特性を反映しつつ各地に共通して展開するもの、および社会的状況の変化に伴って消滅の危機に瀕しているものが多いことから、代表的なものおよび希少価値のあるもの、④農山漁村地域に固有の伝統的産業及び生活と密接に関わるものであることから、地域住民及び地方公共団体の一丸となった保存・活用に積極的な取り組み、景観の維持に将来的な展望、である。第2次選考の結果、180の地域が、「重要地域」として選定され、種別ごとに分類されて調査報告書に掲載された。

　こうした調査の後、2004年に改正された文化財保護法第2条1項の5号では、「地域における人々の生活又は生業および地域の風土により形成された景観地で、国民の基盤的な生活または生業の特色を示すもの」を文化的景観と位置づけ、その保護と活用を目指すことになった。里山や棚田など日本の原風景を再認識し保護する政策が積極的に展開されることになった（図表1-6，1-7参照）。

　さらに、都道府県または市町村からの申請に基づき、「景観法」（2005年）に規定する景観計画区域、または景観地区内における文化的景観で、保存計画の策定、条例による保護措置が講じられていることなどを条件に「重要文化的景観」の指定が行われた（文化財保護法134条1項）。2010年現在、四万十川流域や、京都の宇治などをはじめとする19件の「重要文化的景観」が認定され保護の対象になっている。

　これにより重要文化的景観の所有者等は、文化庁長官に対し、滅失や棄損、また現状変更に際して届出が必要になる。その一方で、国は重要文化的景観の保存のために必要と思われる物件の管理、修理、修景又は復旧について、都道府県又は市町村が行う措置の一部を補助することができる。さらに、都道府県又は市町村が行う文化的景観の保存調査など保存計画の策定、修理・修景・復旧・防災等の事業に関わる経費の一部が補助される。

　また、農林水産業に関連する文化的景観の調査に続き、2010年には新たに『採掘・製造業、流通・往来及び居住に関連する文化的景観の保護に関する調査報告書』[17]が公表され、歴史的風致の維持向上が図られることになった。第1

第1章　世界遺産と日本

図表1-7　重要文化的景観選定基準（文化庁）

1　地域における人々の生活又は生業及び当該地域の風土により形成された次に掲げる景観地のうち我が国民の基盤的な生活又は生業の特色を示すもので典型的なもの又は独特のもの
　　（1）　水田・畑地などの農耕に関する景観地
　　（2）　茅野・牧野などの採草・遊牧に関する景観地
　　（3）　用材林・防災林などの森林の利用に関する景観地
　　（4）　養殖いかだ・海苔ひびなどの漁ろうに関する景観地
　　（5）　ため池・水路・港などの採掘・製造に関する景観地
　　（6）　鉱山・採石場・工場群などの採掘・製造に関する景観地
　　（7）　道・広場などの流通・往来に関する景観地
　　（8）　垣根・屋敷林などの居住に関する景観地
2　前項各号に掲げるものが複合した景観地のうち我が国民の基礎的な生活又は生業の特色を示すもので典型的なもの又は独特のもの

図表1-7　日本の重要文化的景観（2010年現在）

1　近江八幡の水郷　（滋賀県）
2　一関本寺の農村景観　（岩手県）
3　アイヌの伝統と近代開拓による沙流川流域の文化的景観　（北海道）
4　遊子水荷浦の段畑　（愛媛県）
5　遠野　荒川高原牧場　（岩手県）
6　高島市梅津・西浜・知内の水辺景観　（滋賀県）
7　高島氏針江・霜降の水辺景観　（滋賀県）
8　小鹿田焼の里　（大分県）
9　蕨野の棚田　（佐賀県）
10　通潤用水と白糸台地の棚田景観　（熊本県）
11　宇治の文化的景観　（京都府）
12　四万十川流域の文化的景観　源流域の山村　（高知県）
13　四万十川流域の文化的景観　上流域の山村と棚田　（高知県）
14　四万十川流域の文化的景観　上流域の農山村と流通・往来　（高知県）
15　四万十川流域の文化的景観　中流域の農山村と流通・往来　（高知県）
16　四万十川流域の文化的景観　下流域の生業と流通・往来　（高知県）
17　金沢の文化的景観　城下町の伝統と文化　（石川県）
18　姥捨の棚田　（長野県）
19　樫原の棚田　（徳島県）
20　平戸島の文化的景観　（長崎県）
21　田染荘小崎の農村景観　（大分県）
22　久礼の港と漁師町の景観　（高知県）
23　天草市崎津の漁村景観　（長崎県）
24　小値賀諸島の文化的景観　（長崎県）

次調査の対象となった2,032件から、第2次調査では、まず評価指標Aが満たされた400件が選定され、続いて評価指標Bに基づいて審査された。第2次調査の対象として195件が選定された。

評価指標Aは、①一定の場・空間に所在し、自然的・歴史的・社会的主題を背景とする一群の要素が全体として1つの価値を表していること、②諸要素の関係及び機能が、現在に至るまで何らかの形で維持・継続されていること、③記憶・活動・伝統・用途・技術等の無形の要素に特質が見られること、④一般に広く受け入れられていること。

評価指標Bは、①景観が歴史的・社会的に重層して形成されていること（重層性）、②景観がある時代又はある地域に固有の伝統・習俗、生活様式、人々の記憶、芸術・文化活動の特徴を顕著に示し、象徴的であること（象徴性）、③場所とそこで行われる人々の行為との関係が景観に影響を与えていること（場所性）、④諸要素が形態上・機能上、有機的な連関を顕著に示し、全体として一つの価値を表していること（一体性）、である。

この報告書においては、文学や美学、社会学的な観点からの「象徴性」や、「場所性」といった概念が用いられ、街路や広場が生活や生業と結びついて生み出す独特の景観を評価するための独自の基準が採用されている。これらの分類は、世界遺産でいえば、産業遺産あるいは近代化遺産といったカテゴリーとの関連が強いが、産業遺産については第6章でとりあげる。

ユネスコの世界遺産委員会における文化的景観の導入が、日本においても近代化・工業化の過程で忘れられていた郷土の風景の文化的価値や、技術革新によって転換が進んだ近代化を象徴する産業遺跡などへの再評価につながったといえる。

世界遺産条約における文化的景観と、日本の文化財保護法のもとでの文化的景観とを比較すると、基準に違いはあるが共通の傾向も見出せる。従来型の遺産では、自然科学者、歴史家、考古学者、建築・土木技術の専門家など知識人が保存や修復において中心的な役割を果たすが、文化的景観では、専門家の助言を受けながら地域のコミュニティが遺産の保存や維持のために主要な責任を負うことが前提となっていることである。

日本における文化的景観の認定の特徴は、世界遺産における文化的景観の議論に大きく影響されつつも、特に日本固有の農林水産業やその他の伝統的な産業など、人々の生業と密接に関係していることである。また美しさや安らぎといった価値や、文学や芸術作品にみいだされる日本人独自の情緒や郷愁感が大切にされている。

四季の風景を愛でる伝統をもった日本が、文化的景観に関する政策ではやや対応が遅れたことは残念であるが、高度成長期を過ぎた今、景観の価値が再認識される時にある。

4　日本の貢献——奈良文書の意義

文化的景観の登場とほぼ同時期に、世界遺産条約の解釈について、もう1つ重要な変化がみられた。そしてこの変化に日本の果たした役割は大きい。

日本は、90年代初めに遅ればせながら世界遺産条約を批准し、世界遺産委員会の舞台に登場した。そして1993年に最初に登録された「法隆寺地域の仏教建築群」など、日本の木造文化遺産への評価を通して、世界遺産のオーセンティシティをめぐる解釈は柔軟になった。西欧の石の文化ではなく、木や土の文化をもつ世界の国々とって大きな意味をもつことになった。法隆寺の建築が顕著な普遍的価値をもつことは誰でも否定しがたいが、世界遺産条約の基準では、創建当時の材料がそのままの状態で保存されているのではないため、オーセンティシティが認められない可能性があった。

石の文化と同じ基準で木の文化の保存や修復の問題を扱い、オーセンティシティを判断することは適当ではない。奈良の法隆寺は世界最古の木造建築であるが、創建当時からは約半分の材料が解体修復で入れ替えられている。しかし創建当時と同じ種類の木材、同じ工法で修復されており、この場合オーセンティシティは損なわれていないと判断されることになった。

1994年11月、奈良で開催されたユネスコ、イコモス、イクロムの共催による[18]会議では、世界遺産条約の認定基準に関わる文化遺産の保存に関して、日本が問題提起を行い、オーセンティシティの判断基準にパラダイム転換をもたらし

た。すなわち、「オーセンティシティに関する奈良文書[19]」(以下、奈良文書)の採択である。文化遺産の価値とオーセンティシティの問題について、奈良文書は次のように言い、世界のより多様な文化遺産について世界遺産登録への門戸を開いた。

> あらゆる形式や歴史区分に応じた文化遺産の保全は、遺産に備わっている価値に由来する。我々がこれらの価値を理解する能力は、これらの価値に関する信頼性・信憑性の高いと考えられる情報源にかかっている。文化遺産の原型とその後の変化の特徴、およびその意味に関する情報源に対する知識と理解は、オーセンティシティのあらゆる側面を理解する基本である。このような理解は、ヴェネチア憲章[20]で確認された価値に関する本質的な評価要素である。オーセンティシティの理解は、世界遺産条約や、他の文化遺産の目録への登録手続きや学術研究および文化遺産の保存・修復計画において基本的な役割を担う。文化財に備わった価値についてのあらゆる評価は、情報源の信頼性と同様に、文化ごとに、あるいは同じ文化であっても各々異なっている。<u>固定的な基準で価値やオーセンティシティを図ることは不可能である。逆に、すべての文化への尊重という立場から、遺産の属する各々の文化的コンテクストの中で考慮され、遺産が判断されることが求められている。</u>したがって、各々の文化において、遺産のもつ固有の価値と関連する情報源の信頼性・信憑性について、共通の認識が得られることは極めて重要かつ緊急を要する。文化遺産の性質、文化的文脈、経年的な展開によりオーセンティシティの評価は、情報源の多様な価値と関係している。それは形式と意匠、素材と材質、用途と機能、伝統と技術、立場と配慮、精神と感性、その他の内的・外的要素を含むものである。こうした情報源の使用は、文化遺産の芸術的・歴史的・社会的・科学的に精緻な検証につながる。

(下線筆者)

奈良文書は、後述する「無形文化保護条約」の採択とともに、日本のユネスコに対する重要な貢献となった。奈良文書では、西欧の「石」の文化と異なる「木」の文化財の保存・保護の方法の相違に関連して、文化財の背景にある文化そのものの多様性への配慮が示され、多様性への認識が世界遺産の認定やその後の保存・保護に本質的な意味をもつことが確認された。アジアの木の文化だけでなく、中東やアフリカ地域でみられる「土」の建造物についても、同様にこうした考え方が適用される。

第1章　世界遺産と日本

5　おわりに

　ユネスコの活動に影響を与えてきたフランスの文化人類学者レヴィ・ストロース[21]は、「おのおのの文化は自らを超えることはできず、したがってその価値評価は相対的なものにとどまり、これを克服する手段はない」、また「ひとつの文明は他のひとつ、あるいはいくつかの文明と比較対照することなしに自らを省みることもできない」という[22]。

　90年代前半に、ユネスコ世界遺産条約の解釈に生じた変化は、西欧社会が自らの文明を客観視するようになった時代に、文化相対主義に立脚しながら世界の文化を再発見していこうとする姿勢の表れでもある。それは後述する無形遺産条約や文化的表現の多様性条約[23]へと受け継がれていく。また「文化的景観」概念の登場は、地球環境問題の顕在化や、グローバル化による農漁村の衰退とも時代的に符合する。桑原武雄の言葉を借りれば、世界遺産は、地球の記憶、「地球の品位」を象徴する。文化大国をめざす日本は、ユネスコを舞台とした議論を通して、未来に残すべき人類の遺産は何かを示すとともに、世界遺産の評価と保護をめぐるガバナンスの一端を担って文化外交を展開していくことが求められる。

1 ）　Committee on Intellectual Cooperation.
2 ）　The Convention for the Safeguarding of the Intangible Cultural Heritage.
3 ）　The Convention on the Protection and Promotion of the diversity of Cultural Expressions.
4 ）　松浦晃一郎『ユネスコ事務局長奮闘記』講談社、2004年。
5 ）　日本ユネスコ協会連盟によると、2005年までに400を越えるプロジェクトを実施し、約75万人が読み書きなどを習得した。
6 ）　S.ハンチントン（鈴木主税訳）『文明の衝突』集英社、1996年（原書は1994年）。
7 ）　文化相対主義（cultural relativism）は、アメリカ人類学会の創始者 Franz Boaz（1858-1942）によって主張された。
8 ）　脱退は国務省の勧告に基づきレーガン大統領が決定し、1983年12月28日にシュルツ国務長官からユネスコのムボウ事務局長宛に通知された。

9) 1872年にイエローストーンが国立公園に指定され、1916年に国立公園法が施行された。
10) 委員国を増やすための議論もなされている。安江則子「ユネスコによる文化遺産保護へのアプローチとその変容」『慶応の政治学』慶応義塾大学出版会2008年、321頁。
11) 世界遺産登録運動については、『日本の世界遺産歩ける地図帳』山と渓谷社、2007年、11頁。
12) 佐滝剛弘『世界遺産の真実』祥伝社、2009年。
13) 松浦ユネスコ前事務局長は、これを世界遺産条約の第二期の開始としている。松浦晃一郎『世界遺産——ユネスコ事務局長は訴える』講談社、2008年。
14) European Landscape Convention, Florence, 20. X. 200. European Treaty Series No. 176, Council of Europe.
15) Iwami Ginzan Silver Mine and its Cultural Landscape, Official Record, Simane Prefectural Board of Education, 2008.
16) 『農林水産業に関連する調査研究（報告）』平成15年6月12日、農林水産業に関連する文化的景観の保存・整備・活用に関する検討委員会、文化庁文化財部記念物課。この調査の段階では、文化的景観は「農山漁村地域の自然、歴史、文化を背景として、伝統的産業及び生活と密接に関わり、その地域を代表する独特の土地利用の形態又は固有の風土を表す景観で価値が高いもの」と定義づけられていた。なお、農林水産省はオブザーバーとして参加している。
17) 『採掘・製造、流通・往来及び居住に関連する文化的景観の保護に関する調査研究（報告）』平成22年3月、採掘・製造、流通・往来及び居住に関連する文化的景観の保護に関する調査研究会編。鈴木地平「採掘・製造、流通・往来および居住に関連する文化的景観の保護について」『月間文化財』平成21年9月号、39-46頁。
18) International Center for the Study of the Preservation and Restoration of cultural Property.（文化財保存修復研究センター）1959年設立の政府間機関、本部はローマ。
19) The Nara Document on Authenticity, Nara Conference on Authenticity in Relation to the World Heritage Convention, Nara, Japan, November, 1994.
20) ヴェネチア憲章は、世界遺産条約の採択に先立って、1964年にヴェネチアで開催された第2回歴史建造物関連建築家技術者国際会議において採択された。この精神を体現する組織としてICOMOSが設立された。
21) C.レヴィ＝ストロース（Claude Levi-Strauss, 1908-2009）は、ユネスコ勤務の経験をもつ。
22) C.レヴィ＝ストロース（川田順造、渡辺公三訳）『レヴィ＝ストロース講義』平凡社ライブラリー、2005年。
23) 河野俊行「文化的多様性条約をいかに読むか——その背景と今後」『文化庁月報』2006年1月、12-15頁。

第2章
世界遺産における歴史都市の課題

宗田　好史

1　はじめに

　世界遺産リストには、歴史都市が多い。全数の20％、文化遺産中では24％もの遺産が、歴史地区、歴史都市等と称されている。その多くが、歴史的都心部の範囲をそのまま遺産本体としている。特にヨーロッパに多く、アジア・アフリカにまたがるアラブ諸国、中南米でも目立つ。逆に、それ以外の地域では少ない。

　一方、京都は歴史都市と自称するが、1994年に登録された「古都京都の文化財」は歴史地区ではなく17の文化財を個々に極めて狭く登録し、その周囲の狭い範囲に緩衝地帯を設けた。そして、それらを包み込むように、条約履行指針には規定されていない「歴史的環境調整区域」を設定した。法隆寺・姫路城に続く2回目の登録で不慣れな状況もあった。しかし、これを残念に思った京都市内外の一部の専門家は、その後世界文化遺産都市・京都に相応しい都市景観を守る建築規制を設ける努力を続けてきた。この努力は14年後の2007年、京都市の新しい景観政策に結実し、歴史的環境調整区域の建築規制はかなり厳しくなった。もちろん緩衝地帯も遺産本体の保護を全うするより厳しい規制が設けられた。

　この京都の努力は決して独自のものではない。2004年制定の景観法、2007年歴史まちづくり法の制定によって進んだ我国の新しい都市政策として、国内の他の文化遺産や歴史都市にも及んでいる。また、日本の景観政策は世界各国での取組みと切り離して考えることはできない。世界中の歴史都市で、この間景観問題が深刻化し、個別の問題としてだけでなく、世界遺産条約の履行指針の

適用上の問題としても様々な議論が巻起こった。その成果は、ウィーン・メモランダム（Vienna Memorandum、2005年5月）に示され、またその後も現在まで、ユネスコ世界遺産センター（WHC）主催の都市景観に関する会議が各地で続けられおり、日本人も参加している。

さて、1994年当時の日本では、バブルは崩壊したが、都市開発圧力は京都でも高かった。しかし、失われた15年を経た現在は、人口減少・少子高齢化が進み、コンパクトシティの実現が求められている。反面、近年のヨーロッパでは、グローバル化と規制緩和で、むしろ1990年代以上に開発圧力が高まっている。2000年代には、世界文化遺産に登録された複数の歴史都市で高層ビルがその歴史的景観を脅かすものとして話題になった。

これは、歴史都市に限ったことではない。2009年に登録が抹消された「ドレスデン・エルベ渓谷」（2004年登録）のように近年増加した文化的景観や、「ケルン大聖堂」（1996年登録）など単体の遺産の周辺問題でも、傑出した普遍的価値（outstanding universal value）を脅かす問題として同様に議論されている。その根底には、文化遺産保護がいかに現代社会と共生し、地域社会の要請に立って本来の価値を保存するかという課題がある。これは人類が如何に過去を理解し、どのような未来を目指すかという本質的な文化論である。

この章では、WHCを中心に進められる都市景観の議論に沿って、日本国内、特に京都の景観政策を見つつ、世界遺産条約を通じて交流が進んだ現代文明論としての文化遺産保護論を述べたい。この論は、「過去への関心は未来への関心なしには成り立たない。私はこれを『未来の記憶』と呼ぶ。」（F.マイヨール）という問題意識に立ち、「文化遺産は個別性に囚われていた歴史を、未来に向かって解放するのに役立ち、同時に拡散しすぎて疎外感をもちがちな開発・近代化を、自己の過去へつなぎとめるのにも役立つ。」（同）という世界文化遺産の本質的役割に関するものでもある。

2　文化遺産の拡大とその保護の発展、歴史都市への取組み

世界遺産条約は1972年に採択され、1975年に発効した。その後35年の歴史の

中で、締結国が187国にまで増え、自然遺産と文化遺産という概念が国際社会の中に広がってきた。しかし、自然保護と文化財（遺産）保護の取組みは、すでにそのかなり前から始まり、その後現代まで発展し続けている。文化遺産をみても、ヨーロッパでは、すでに18世紀にはその取組みの端緒が見え、特に20世紀前半には現在の文化財保護制度の大勢が整っていた。世界遺産条約が成立した1970年前後は、その制度が大きく変わったか、もしくは変わろうという議論が高まっていた時期であった。

そして、その後も主に先進国で保護制度が発展したが、一部の国々では1980年代の規制緩和政策の中で、70年代にできた制度の限界も露呈した。また、多くの途上国でも文化遺産保護への取組みが始まり、様々な理由で制度の限界も明らかになった。先述のウィーン・メモでは、「文化遺産の価値に関わる都市景観全体に及ぶ最近の都市開発は、従来の憲章や保護法制度で用いられた『歴史的都心地区（historic centres）』、『町並みの調和（ensembles）』、『周辺環境（surroundings）』等の伝統的用語を超えた、地域と景観の文脈を含む領域で『歴史的都市景観（historic urban landscape）』をとらえる必要がある」という。

日本では「歴史的都心部」は、2007年の京都市の新景観政策で初めて登場した。また「町並みの調和」は、1975年の文化財保護法改正で登場した「伝統的建造物群保存地区」の考え方である。そして「周辺環境」は、世界遺産条約の「緩衝地帯」として1993年に法隆寺と姫路城が世界遺産に初めて登録された時に日本でも広く知られることになり、近年漸く文化財制度として整いつつある。日本は漸く辿りついた制度がすでに伝統的と言われる。ウィーン・メモにいう「歴史的都市景観」はさらに新しい制度になるだろうか。この点を見るためには、これら伝統的用語の保存理念の発達の歴史を知り、そこから未来をみる必要がある。同時に、制度だけでなく、並行して起こった文化遺産の種別の拡大、範囲の拡大、価値と保護方法の多様化の問題として考える必要がある。

1　世界遺産条約以前の取組み

ユネスコは、1960年代アスワン・ハイ・ダム建設でエジプト・ヌビア遺跡を水没から救済するキャンペーンを開始し、60カ国の援助でアブ・シンベル神殿

が移築された。これを1つの切掛として、国際機関が価値ある遺跡、建築物、自然等を開発から守ろうという機運の高まりの中、世界遺産条約が生まれたことはよく知られている。また、これに先行して、1954年「紛争の文化財保護に関する条約」(ハーグ条約)があり、この間に「記念物および遺跡の保存修復憲章」(ヴェニス憲章、1964年)が決議され、ICOMOSが誕生したことも知られている。

　これに先駆けて、20世紀前半にはマドリッド憲章(1904年、第6回国際建築家会議)、アテネ憲章(1931年、第1回歴史的記念建造物に関する建築家、技術者国際会議)等が、遺跡、歴史的建造物、都市・集落の保存に関する国際的な議論を取りまとめている。この背景には、1894年のギリシャ大地震で被災した遺跡を修復する上で大きな論争があった。歴史的建築物単体を点でなく面で保存しようという提起は、まず「アテネ憲章」(1931年)に「歴史的遺跡の周辺地域の保護に特別な注意を払わなければならない」として記された。「古い記念建造物」の周辺地域には、特別な配慮が必要とされるといい、「建物群」、特別に「趣のある景観」を尊重すべきものとした。具体的には、周辺地域から広告物、電柱・電線、騒音を生じる工場、大きな煙突を撤去すべしとした。

　この点は、同時期のもう1つの「アテネ憲章」、建築家ル・コルビュジエ等が集まったCIAM(近代建築国際会議、1933年)が作成した憲章にも記されている。都市機能を高める近代的都市計画の立場からも、建築的に価値のある歴史的建造物同様に歴史的都市全体も保護されるべきだといった。合理主義建築家にも認められ、すでに80年が経過し、広く普及した考え方だが、まだ多くの都市でその具体的な方法が議論されている。

　CIAMはその一方で、保存は市民に不健康な環境を強いてはならず、都市の貧困や雑然さを見過ごしてはならないともいった。だから、歴史的地区に建てる新しい建物には、「審美的」理由で過去の様式を用いることは有害だとし、「耽美主義」を否定した。社会経済の発展の中でこそ、歴史都市の文化的価値はより多くの市民に享受されるものだという。第二次世界大戦後の民主主義の発展は、特にこの点を重視し、モニュメント周辺地域や歴史的都心部での市民生活、経済活動の持続性を重視し、その社会的保存と適切な開発を実現する都

市保存の手法として、各国で発展してきた。

　ヨーロッパの議論は戦後の「ヴェニス憲章」(記念建造物および遺跡の保全と修復のための国際憲章、1964年)に結実し、遺跡と建築を単体として捉えず、より広い都市・地域の問題として捉える方向に展開した。この憲章は、有名な序文「幾世代もの人々が残した歴史的に重要な記念建造物は、過去からのメッセージを豊かに含んでおり、長期にわたる伝統の生きた証拠として現在に伝えられている」に始まり、第1条で「歴史的記念建造物には、単一の建築作品だけでなく、特定の文明、重要な発展、あるいは歴史的に重要な事件の証跡が見いだされる『都市および田園の建築的環境』も含まれる」という。この憲章では、まず歴史的記念建造物が、偉大な芸術作品だけでなく、より地味な過去の建造物で時の経過とともに文化的な重要性を獲得したものにも適用されるとし、それゆえに、その保全はその建物と釣合いのとれている建築的環境を保存することだという。その建築的環境が残っている場合には、マッス(量塊)や色彩の関係を変える新しい建築、破壊、改造は許されないという(第6条)。だから、記念建造物はその建築的環境の中で保存されるべきで、移築の禁止を提唱した(第7条)。

　この考え方は、世界遺産条約を経て、1976年のヨーロッパ建築遺産憲章として完成した。ユネスコも1975年「歴史的地区の保全及び現代的役割に関する勧告(ユネスコ)」を出している。この歴史的地区とは、建築や記念物が立地する周辺地域のことである。歴史都市の場合、「歴史的都心部」と称されることも多い。また、先進各国の歴史的都市の保存制度として1960年代から80年代にかけて広く普及した。代表的な英仏独伊の制度を見ても、景観に関係の深い歴史的遺産、歴史的都心地区、歴史的旧市街地、建築的・都市的文化財保護区域等の様々な用語で、固有の制度に発展した。これらの国々では、同時に都市計画行政の地方分権も進んだために、地味な建築遺産を含む建築的環境は、それぞれの都市固有の保存・保護の方法として展開した。また、オーストラリアICOMOSは1981年に「バラ憲章」と呼ぶ文化的意義をもつ「場所」の保存の憲章を採択し、先進各国にも大きな影響を与えた。この議論が、歴史的都心部という歴史的・伝統的建築が集まる場から、農地や森林が広がる文化的意義を

持つ場所へと保存対象が広がり、1980年代末には「文化的景観」が世界文化遺産の大きな柱になり、各国から熱心に登録が始まることになった。

　世界遺産の登録が始まった1978年頃の先進各国の専門家は、このヴェニス憲章の強い影響下にあった。各国の制度が整備されるにつれ、記念建造物だけでなく、歴史都市の登録にも熱心だったが、文化遺産の範囲が広く、その検証が複雑でもあり、先進諸国はその登録に比較的時間を要した。イタリアが比較的早くから、ローマ（1980年）やフィレンツェ（1982年）の歴史的都心部、ヴェネツィアとその潟（1987年）を登録し、その後1980年代から90年代にかけて他のEU各国が歴史都市の登録を続けた。また、ポーランドのクラコフ歴史的市街地（1978年）、クロアチア（当時はユーゴスラビア連邦）のドゥブロヴニク旧市街（1979年）等の東欧諸国の登録が早く、グアテマラのアンティグア・グアテマラ（1979年）、エジプトの歴史上重要なカイロ（1979年）、チュニジアのチュニスのメディナ（1979）等も、早くに世界遺産リストに掲載されている。

2　世界遺産条約以降の取組み

　国際的な場での歴史的都市、歴史的景観への議論は、世界遺産条約発効後も続けられた。欧州では、2000年「フィレンツェ条約」（欧州景観条約）[2]が採択され、異なった制度をもつEU諸国が共通の目標として全ヨーロッパの景観保護を定めた。歴史都市だけでなく、農村にも広く景観保護の対象を広げている。一方、ICOMOSは1987年「ワシントン憲章」（歴史的都市街区保存憲章）を定め、文化遺産保護が経済・社会の政策に位置付けられるべきだと提唱し始めた。

　この背景には、80年代に多くの都市で開発圧力が高まり、開発か保全かが大論争になり、その克服のために多大な努力が払われ、国際社会の文化的圧力を必要としていたたことがある。そのため現実的な問題もよく理解されていた。だから、画一的な基準でなく地域の固有な状況に配慮した保存計画が必要であり、同時に市民参加で進めようという。そして、市民の生活、コミュニティ活動を維持し、できるならば市民の参加によって遺産の保護活動を展開し、文化的価値を維持し、発展させ、さらには遺産の管理を社会経済の発展の中に位置づけようと説いている。同時に交通・災害・教育等多分野の課題にも言及し、

保存計画に総合性をもたせようという。

　一方、1980年代末から90年代にかけて、世界文化遺産の登録では文化的景観が登場し始めた。同時に、フィレンツェ条約への議論の中で、EU各国およびその州政府の都市計画法制度の中で景観保護制度が整った。ガラッソ法（伊、1985年）、連邦自然保護法（独、1987年）、都市・農村計画法（英、1990年）、風景法（仏、1993年）等である。都市だけでなく農村も保存の対象となり、遺産保存・管理計画の内容もより多くの分野に渡り、より複雑なものになってきた。そして、EUからの文化的景観の登録が増加した。

　もちろん、歴史的都市を保存し、再生する流れも広く展開した。1980年代後半から1990年代にかけて、まずスペインが、次にイタリア、そしてドイツ、フランス等EU諸国が数々の歴史都市を、その文化的特色を強調する政策で、世界遺産に登録した。冒頭述べた文化遺産リスト上で4分の1を占めるほどの多さは、この時期の登録によるものである。

　その背景には、1970年代に始まった都市計画上の制度改革の効果が上がり、保存・再生された歴史的都心部を訪れる内外の観光客が増え、商業投資が続き、ブティック街や美術関係の店舗が集まって経済効果が出たことがある。さらに「創造都市」と称される文化的、社会的波及効果が広がったことも原動力になった。その取組みと効果が、EUの政策で「文化首都」に選ばれた各国の都市から、地方都市にも広がった。また、この時代EU諸国の多くでは人口増加が緩やかになったために、都心の再開発や郊外開発が低調で、住宅と商業投資の都心回帰が進んだことも、都心再生を大きく後押ししたと考えられる。

　歴史的都市保存の計画制度もさらに発展し、モニュメンタルな建築物の保存よりも、地区計画での町並みの特徴を保存しつつ再生する手法や、建築ガイドラインの整備、特に歴史的な建造物が連続する町並み中に、新たな建物を挿入するインフィルの建築手法が発展し続けた。その都市の特徴をよく示す零細な建造物が、各国の代表的な建築家の優れた手法で再生された事例が次々と話題になった。

　イタリアから世界遺産に登録されたフィレンツェ等14都市と、暫定リストに残る12の都市を見れば、歴史都市を保存することは時間を止めた過去の街に暮

らすことではなく、世界的にも優れた個性的な街で、社会的にも経済的にもより豊かな現代の文化的生活を送られることがよく分かる。世界遺産の歴史都市には、英国のエディンバラやリヴァプール、フランスのパリやストラスブール、ドイツのリューベックやレーゲンスブルク、スペインのトレドやコルドバ、オーストリアのウィーン、ザルツブルグやグラーツ、他にもチェコのプラハ、ハンガリーのブダペスト、ラトビアのリガ、リトアニアのヴィリニュス、ロシアのサンクト・ペテルブルクがあり、北米にもカナダのケベック等があり、その美しい町並みが世界中の人々を魅了する。同時に、現代都市として繁栄している。観光はいうまでもなく、個性的な歴史的都市景観が文化面から社会経済を牽引している。だから景観保存は、現代の都市政策・計画手法としてすっかり定着したといえる。

　1990年代には、都市政策は、歴史的都心部から歴史都市へ広がった。つまり、歴史的景観を都心部に限定して保存するだけでなく、景観の保存的再生手法を、都心周辺の近代以降の拡大市街地にも広げた。さらに、その外側の農地や森林にも拡大し、市街のどの部分でも、その都市に相応しい歴史的景観を整備しようという考え方に発展したのである。都心部には民間投資が集中し、ジェントリフィケーションと呼ばれる優良企業や高額所得者による歴史的都心部不動産の寡占化が進んだ。その半面、一般市民は郊外に追いやられた。だから一般市民が都心同様の文化的環境を望むようになったのである。多少批判的に見るならば、ワシントン憲章にいう社会経済の発展に位置付けられた保存は都心部で進み、市民参加による市民のための保存は少し遅れて周辺部で進んだといえる。

3　近年の都市開発と歴史都市

　一方、2000年頃から世界遺産委員会では、度々景観問題が話題に上がった。それもヨーロッパ都市の高層ビル建設の問題だった。まず、2001年登録のヨーロッパを代表する古都、オーストリアの首都ウィーンの歴史地区に隣接する高層ビル群、そして、1996年登録のドイツのケルン大聖堂に隣接する高層ビルの問題である。歴史都市保存が普及し、市民の合意が進んだために却って研ぎ澄まされた批判の対象になったのである。

第2章　世界遺産における歴史都市の課題

　ウィーンはローマ人植民都市が紀元で、中世を経てオーストリア・ハンガリー帝国のバロック様式の首都として築かれた優美な姿をよく残している。よく知られるように、前世紀初頭までヨーロッパ音楽、美術の中心として栄え、都心部やリング・シュトラッセ沿いの美しい建築群と庭園の美しさは世界中の人々を魅了している。

　第二次世界大戦の戦火を受けた市街地を修復し、戦後の景観保護政策で歴史的建造物の再生による整備が進められ、歴史地区周辺の再開発事業でも従来は景観に配慮された整備が中心だった。しかし、1990年代の経済成長で都市再開発への関心が高まり、19世紀からの懸案だった中央駅を21世紀になって新設する計画が進んだ。従来の南駅の大幅に拡大、貨物駅廃止、ホームの再配置等でスペースを空け、5千戸超の住宅、オフィスを備えた高さ60mのビル10棟、100mビル1棟を含む新街区に再開発する。2015年完成予定とされる。問題はベルヴェデーレ宮殿に近隣し、歴史地区の景観への影響が懸念される点にある。ビル群のデザインについても地元から反対意見が出ており、世界遺産委員会でも話題になった。それは、この再開発事業費の大半を民間投資に依存するため、官民パートナーシップ誘導のための過度な規制緩和だと考えられたためである。もちろん、オーストリア国営鉄道と地元ウィーン市役所だけで賄える規模の事業ではない。規制緩和で民間投資を誘導し、大規模再開発を進める手法は、1980年代に英米で始まり、グローバル化の中で世界中に普及したが、世界文化遺産の歴史都市でも許されるのかという議論に発展した。

　また、歴史地区の外側の工場地帯には長年にわたって外国人労働者が住みついたイスラム系のエスニック・コミュニティで人口が増加しており、モスクの建設を巡る議論もあった。もちろん様々な意味で別の問題ではあるが、共にグローバル化問題といわれる。

　もう1つ、ドイツのケルン大聖堂は2004年世界遺産委員会（蘇州）で「危機にさらされている世界遺産リスト」に掲載された。リストには発展途上国の世界遺産が多く、先進国の記載は稀であるために話題になった。大聖堂のライン川対岸の高層ビル群が原因である。世界遺産登録時の大聖堂周辺の都市景観の完全性（Integrity）が損なわれるとされた。一部の市民や文化人が反対意見を

57

世界に訴えたのである。60mのビルを複数建てるこの再開発計画も民間資本によるもので、市の都市計画局は新たなオフィス需要に対応するものとして認めていたが、世論の高まりを受け、再開発の規模を縮小し、ビルの高さを抑えて、危機リストから外された。そもそも、ケルンの場合は歴史地区ではなく大聖堂の登録ではあるが、その周辺景観への配慮という点では同様に扱われた。

　さらに深刻だったのは、ドイツがその2004年の世界遺産委員会で登録したドレスデン、エルベ渓谷では新たな橋の建設が問題となり、危機遺産リスト掲載を経て、2009年に世界遺産の登録抹消されたことである。エルベ川の文化的景観に隣接する場所での建設行為が、危機と認識され、景観の一体性が損なわれたために抹消された。

　ドレスデンの問題は、東西ドイツの統合後、衰退した旧東ドイツの地方都市に、編入されたEUの助成で急速に都市・地域開発事業が進み、ドレスデン市一帯が変化を余儀なくされたことが背景にある。世界遺産リストから除外されても架橋を推進する市民の意思は、住民投票で確認された。

　同様に、ケルンやウィーンでもグローバル化が進む中で、金融や情報センターを目指すEU都市間の競争が、規制緩和政策の中で急速に民間投資を呼び込んだために起こった新たな都市開発問題である。ロンドンのドッグ・ランドやパリのラ・デファンス地区は規制緩和と官民協力のシンボル的大規模都市開発事業として、1980年代末には世界中から注目された。だから一部の主要都市はそれを追随した。もちろんヨーロッパのすべての都市ではなく、限られた数の大都市の問題である。しかし、これらの都市の文化遺産が重要であるがゆえに論争が起こったのである。

　前述の2005年WHCの「ウィーン・メモランダム」は、その1つの答として、都市景観全体に及ぶ都市開発は従来の憲章や制度で用いられた用語を超え、都市全体の景観を含む領域で「歴史的都市景観」を捉えよといった。歴史地区だけでなく、隣接する周辺部を含み、都市全体の景観を文化的価値あるものとして保護の対象とする計画制度を求めている。特に、近代化の都市が備えた都心近くの工業施設、鉄道・港湾施設用地の土地利用転換を歴史的景観への十分な配慮を欠いたまま進めることを怖れ、戒めている。グローバル化の中で各都市

は再開発・再生事業を必要とする。だからといって、歴史地区の外では何をしてもいいことにはならない。ウィーンの会議では、文化財保存の専門家だけでなく、建築家や開発事業者の参加をえて、歴史的都市全体の景観を制御する方法について議論された。

3　歴史都市・京都の取組みと新しい景観政策

　一方、日本では歴史都市の保存について、どのように取組まれていたのであろうか。まず、1966年の「古都保存法」[3]は、京都、奈良、鎌倉という3つの古都の歴史的風土の保存に関する特別措置法として制定された。この法律は、古都の歴史的建造物・遺跡が周囲の自然環境と一体となったものを「歴史的風土」と称し、後世に引継ぐ国民共有の文化資産と定義し、保存措置を定めた。これに先立つ1930年には都市計画法で「風致地区」が定められ、京都等主要都市ではすでに周辺の自然環境の保護制度が始められていた。

　また、その後1975年の文化財保護法改正で「伝統的建造物群保存地区」制度が創設され、2004年には「景観法」、2007年には「歴史まちづくり法」が次々と制定され、日本でも歴史的都市景観を保護する制度は近年急速に整ってきた。近代工業化に一足遅れ、戦後の経済成長でも時期がずれる日本の歴史都市景観保護制度は、欧米とは異なる経緯で発展してきた。制度の遅れで損なわれた歴史的景観も多いが、近年の目覚ましい発展で、その状況は大きく変わりつつある。

1　日本の文化財制度の発展と古都・京都

　ヨーロッパの国々が市民革命、産業革命、戦災を経る中で、文化遺産を守る制度を整えてきたように、日本でも明治維新と近代化、戦災の中から文化遺産を守る制度が発展した。1871年の太政官布告「古器旧物保存方」は明治維新で禄を失った武士の文化遺産の散逸を防ぐために、1897年「古社寺保存法」は廃仏毀釈で荒廃した寺を保護するものであった。やはりヨーロッパ諸国の王室と同様に、日本では帝室の名でまず文化財の保護を担った後、民主国家の成立と

共に国民共有の文化財として民主化された。1919年「史蹟名勝天然紀（記）念物保存法」や1929年「国宝保存法」は帝国憲法下の旧制度で、ナショナリズム色が色濃く出ていた。1950年「文化財保護法」は、1949年の法隆寺金堂火災で障壁画が焼失したことを受けて制定が急がれたものであるが、戦後の民主主義改革の中で生れた。

保護の対象も宝物と呼ばれる美術品から考古へ、社寺・城郭建築から民家へ、名所・名園から風景、文化的景観へと時代と共に範囲を拡大した。特に、戦後の1954年文化財保護法第1次改正では無形文化財の指定制度を設け、その保持者の認定を始めた。また、民俗資料保護を制度化、さらに埋蔵文化財保護を強化するとともに、地方公共団体の事務を明確化し、民主化に合わせた文化財行政の地方分権にも着手した。

高度経済成長期を経て、1975年同法第2次改正では、さらに文化財を拡充し、伝統的建造物群保存地区の制度を新設した。1964年のヴェニス憲章にやや遅れ、「一体をなしてその価値を形成している土地その他の物件」として「調和（ensembles）」の価値を取り入れた。しかし、「歴史的都心地区」でなく、極限られた範囲に町並み保存を限定したし、従来の文化財建造物や名勝庭園の周辺環境の保護への配慮も十分ではなかった。それは保護の対象が、住民が今も居住する建物群であり、また制度自体が住民の発意と合意に依るものであったためでもある。そこで、ヨーロッパ都市歴史的街区のファサード保存手法を部分的に参考にした制度である。

伝統的建造物群保存地区は、京都市内には4地区が選定されている。やや遅れて金沢市や橿原市今井町、大津市坂本でも選定されたが、古都保存法に指定された他の7自治体にはない。京都の4地区を例外として、この制度は開発から取残された集落を対象とした制度で、現代の歴史都市を対象としていないためである。

文化財には、その後「近代化遺産」や2004年「文化的景観」が加えられ、1996年には「登録文化財制度」が創設され、文化財保護法は60年間、絶え間なく変遷を続けてきた。古都・京都の文化財は、古社寺保存法と文化財保護法を基礎として、その制度を改革・拡充させることで守られてきた。さらに、都市

計画制度の面も重要である。旧都市計画法に風致地区、市街地建築物法に美観地区が定められ、すでに1930年に京都市内に広大な風致地区が指定されていた。その後、前述の古都保存法（1967年）の歴史的風土特別保存地区が、主に市街地周辺、三山の緑地を厳しく規制していた。

これに加え、1972年には「京都市市街地景観条例」が制定され、市街地に美観地区・巨大工作物規制区域・特別保全修景地区等が定められ、翌1973年には市街地大半に高度地区が定められた。これは、1995年「市街地景観整備条例」の制定で、翌1996年に景観規制区域が拡大され、さらに充実したものに発展した。しかし、これらの制度も京都市の歴史的景観を守るのに十分ではなかった。

2　歴史都市と歴史的都心部という概念の誕生

「歴史的都心部」という概念は、条例制定に先立つ1970年9月にユネスコ主催の「京都・奈良伝統文化保存国際シンポジウム」で初めて日本に伝えられたという。このシンポジウムに深く関わった大西國太郎氏は、この会議でヨーロッパの専門家が述べた「Historic Centre」の概念が日本になかったことが印象に残ったと述べた[4]。実際、その成果であるユネスコの古都京都に関する勧告には、単体の歴史的建造物の保存に留まらず、歴史的都心部全体を保護の対象とすることが盛り込まれた。

確かに、ヨーロッパ等と違い都市が城壁をもたない日本では歴史的都心部の定義は難しい。シンポジウムを主導したのはイタリアICOMOS会長P.ガッゾーラ氏（ナポリ大学教授）であり、そのイタリアでも1967年に歴史的都心部が初めて定義されたばかりである。ローマ市では、その後20世紀末の都市マスタープラン[5]で、30年続いた歴史的都心部を越えた制度ができたが、当時は新しい制度で、他のEU諸国でも議論の最中、その保存計画手法が確立していたわけでもなかった。

京都市市街地景観条例は1972年の段階で、御所、二条城、東本願寺、西本願寺及び東寺等、都心の大規模な歴史的建造物周辺、また鴨川東岸から東山麓までの鴨東地区に「美観地区」を指定した。これら美観地区では、建物の高さは15mと20mに定めた。都心部周辺の第一種住居専用地域では10mがすでに決

められていた。

　しかし、市街地景観条例と逆行するように、1973年には建設省（当時）の強い指導があり、都心の幹線道路沿いは帯状に45mの高度地区が設けられた。日本初の超高層ビル、霞ヶ関ビルが東京に建った当時の基準では45mまでが高層、それを越えると超高層だった。京都市は、京都には超高層は相応しくないとしたが、高度地区制度では45m、それでも高い。容積率も抑えたものの700％にされた。都心の商業地域は、まだまだ開発されるだろうと考えられていた。バブル崩壊後20年を経た現在では隔世の感がある。

　一方、先述の文化財保護法改正で伝統的建造物群保存地区制度が導入されたのは1975年である。京都からは、祇園新橋、産寧坂地区が開設早々（1978年）に選定され、やや遅れて嵯峨鳥居本地区（1979年）、上賀茂社家町（1988年）の選定が続いた[7]。四条通の直ぐ裏側の祇園新橋が東山区の市街地にあるものの、4地区とも都心からは少し離れている。伝建地区制度で単体の建造物の保存は、町並みという面的な広がりをもつようになった。しかし、まだ歴史的都心部全体をという議論にまでは届かなかった。

　ユネスコの勧告では、歴史的都心部を面的に保存すべきとした。しかし、1970年代前半高度経済成長期の日本の都市政策の流れは高層化、その矛盾が京都の相反する制度となり、その後30年間、多くの京都市民を巻き込んだ景観論争になった。保存か開発かという議論は、だから京都の論争でもある。1987年には京都市は「世界歴史都市会議」を開き、急速な経済成長下で歴史的都市環境の保全を図る様々な策が検討された。1991年に設置された京都市まちづくり審議会[8]が議論を続け、翌年5月市内を「北部保存・都心再生・南部創造」と分ける答申をまとめた。北部とは三山とその山麓の社寺境内、庭園である。ここは古都保存法の歴史的風土保存制度と風致地区で守られている。都心とは市街地景観条例の美観地区で守られてはいるが、制度面では矛盾した状況にある。歴史的都心部は、これからその再生策を考えるという。たしかに、この答申が京都市の歴史都心部保存への出発点となったといえる。しかし、この三分案はその地区を明確に示したものではない。

　そのため、この直後1994年の京都の世界遺産登録は、この論争の決着が付く

前であった。文化財保護法、古都保存法による制限区域に、1972年の市街地景観条例の規定を加えただけで、登録基準を満たさなければならなかった。ここに当時の担当者の苦労がある。国宝とはいえ、流石に建造物単体での登録もできず、狭くとも面的に広がる名勝庭園を含み遺産本体とし、その外側は条例と、都市計画法による第一種住居専用地域の規制をつなぎ、何とか緩衝地帯を確保した。登録準備作業は1992年の条約批准直後に始められ、主に1993年中に進められた。バブル崩壊直後だっただけに、規制の追加は「これ以上地価が下がるなら世界遺産など要らない」という声を神経質なまでに恐れた。とはいうものの、答申に言う「調和を基調とし、再生すべき」京都の都心は、世界文化遺産という楔が打ち込まれたことで、調和の対象が「古都京都の文化財」に定められたのである。歴史的都心部への貴重な一歩であったと言えよう。

3　歴史都市・京都の限界と歴史的都心部への挑戦

しかし1990年前後はバブル期の最後で地価は高騰し、京都駅ビルと京都ホテル問題に京都都心部の都市計画制度の矛盾が露われ、反対する市民運動は裁判に訴えていた。1988年に京都市「総合設計制度取扱要綱」が定められ、公開空地を確保すれば建物の容積率と高さ規制を緩和させる仕組みができた。京都ホテルはこれで45m規制を一段上の高さ規制の60mに緩和されて1991年に建築確認、1994年に竣工した。1990年には、JR京都駅ビル建替の国際コンペが高さ規制緩和を前提に募集され、100mの高さの案もあった中、59.8mの原廣司氏案が当選した。本来31m高度地区であり、総合設計制度で一段上の45m、加えて特定街区制度を適用し60mとした。1965年に霞ヶ関ビルを許可した古い制度である。世界遺産登録と規制緩和による2つの超高層級ビル、両者がほぼ同時に進行した当時の京都で景観論争が盛んだったのは当然ともいえる。

歴史都市京都の都心部に打込まれた世界文化遺産という楔は、徐々に効果を現し始めた。直後の1995年の市街地景観整備条例で規制範囲が大幅に拡大された。その後2007年にも拡大され、風致地区は5種あり、現在1万7,938ha、全国自治体の風致地区全体の1割規模である。古都保存法の歴史的風土特別保存地区が2,861ha、市街地景観整備条例による美観地区も新景観政策で大幅に拡

大され（美観地区と美観形成地区からなる景観地区に改称）3,431ha、国内美観地区全体の8割にもなる。文化遺産が集中する山麓だけでなく、歴史的都心部にも規制の網がかけられた。1970年代の都市計画が許した開発を煽るだけの緩すぎた高度地区規制が問題だった。実際、この高さと容積率はほとんど使われていなかった。幹線道路沿は別として、その内側地区では、31mどころか10mにも満たない低層の町家が依然として並んでいた。

そのため、1992年まちづくり審議会答申を受け、都心再生を具体化するために1998年に「職住共存地区ガイドプラン」が発表された。これは、一般に都心の碁盤目状街区の中でも、河原町、堀川、五条、丸太町の各通りに囲まれた部分を対象としたもので、これらの通りに、四条、御池、烏丸通りを加えた幹線道路沿いを除くが、それらの内側には、まだ多くの町家が残された歴史的環境が整っており、あくまでも部分的、分散的ではあるものの、都心部の歴史的環境を一括して再生する狙いがあった。職住共存というのは、多くの町家は本来様々な事業所であると同時に住まいでもあったからである。

現在はすっかり逆転したが、1990年代には都心空洞化は深刻で住宅・事業所ともに減少していた。世界中の都市で経験された郊外化と都心空洞化である。小中学校が統廃合され、独居高齢者が増えていた。だからまず、都心の再生がこのプランの根底にあった。

一方、職住共存地区は歴史的都心部という認識があり、町家の街区を活かした再生策が描かれた。低層だけでなく、中層の集合住宅も要る。だから、マンションの外観を町並みに相応しくした町家型共同住宅が提唱され、長屋は袋路（ふくろじ）再生事業として戸数を増やす補助策も用意された。本物の町家は保存、一般の事業所や戸建住宅はデザイン・ガイドラインで規制・誘導する考え方である。このプランの結果、京都市歴史的都心部の都市計画上の認識は、EUの歴史的都市部の制度にかなり近づいていたといえる。世界文化遺産の歴史都市としての自負もあった。世界遺産が周辺にあるだけでなく、祇園祭が挙行される都心にこそ文化的価値を見出したいという気概が広がっていた。

しかし、この取組みには対象地区が分散的である外にも限界があった。まず、木造密集市街地である都心部は準防火地域に指定され、伝統的な形式の町家は

新たには建てられない。むしろ不燃建築に更新する政策が採られていた。次に、住民自治の伝統を尊重して「地域協働型地区計画」の策定を地元の連合自治会に呼びかけ、そのまちづくり活動を通じて住民合意の上にたって規制を設けようとした点である。都心の複数の地域で、まちづくり協議会が組織され、住民の熱心な取組みが続いた。しかし、この都心商業地域は市内で最も地価の高いところ、住民自治とはいうものの多くの企業がオフィスや大型店の土地建物を有し、保存派の住民が望んでも高さ規制や容積率制限を掛ける同意が得られなかった。次々と高層マンションが建ち、余地ある土地が求められていた時期に、所有地が少しでも売りにくくなる規制に事業者は容易に賛成しなかった。住民の手による地区計画はできたが、町家の町並みに相応しく建物を建てるデザイン・ルールや高さ規制等具体的な規制がその内容に含まれることはなかった。この点に日本の都市計画制度の1つの特徴がある。つまり、その根底は開発志向の制度であり、土地所有権を尊重する余り行政権限が抑えられた反面、住民参加も尊重している。この点を理解しないと日本の都市は変わらない。

　職住共存地区ガイドプラン検討に前後して、京都市都心部では大学と市民グループが始め、京都市が発展させた「町家調査」が大規模に進められていた。その成果は2000年の市の町家政策の体系である2000年「町家まちづくりプラン」にまとめられた。この調査と町家プランは歴史的都心部をかなり詳細に調べ、具体的な提案、そして市民活動やそこから繋がった民間事業者の取組みと幅広く連携する道を拓いた。世紀の境を跨いで、京都市の社会経済は大きく変わろうとしていた。

　2001年「町並み審議会」[10]が設置された。主な論点は都心部の町家と町並みの保全、具体的には職住共存地区内の建物の容積率と高さ規制について、つまり1990年代後半から都心部の地価下落で逆に増加した高層マンションの取扱いにあった。市民の注目を集め、審議は公開、市民参加のフォーラムも開かれた。翌年の答申を受けて職住共存地区には特別用途地区が2004年の市議会で条例指定され、専用共同住宅（マンション）の容積率は400％から300％に引き下げられた。[11]もちろん、マンションの規模を抑えることで地価下落を心配する声も一部にあったが、実際はむしろ逆、マンション建設は増えた。世界遺産登録から

10年を経て、京都市の歴史的都心部ではまず建物の容積率が下げられた。

4　新景観政策のねらいと効果

そして、2005年に「時を超え光り輝く京都の景観づくり審議会」が設置され、2007年に現在の「新景観政策」が制定された。この中で京都市は「歴史的都心地区」という概念を始めて公式に導入した。1970年ユネスコの勧告から37年が経っていた。世界遺産を保護し、保存し、整備し及び将来の世代へ伝えることを義務と認識し、有するすべての能力を用い、場合によっては新たに能力を取得し、最善を尽くす努力は、世界各国で行われている。小さな美術品を保護するのは比較的容易である。しかし、146万人が暮らし、年間5,000万人の観光客が訪れ、6兆3,078億円の市内総生産の規模を誇る京都市の歴史的都心部を保存し、整備することは容易ではない。最善の努力は今も尽くされている。

2007年に定められた新景観政策には主に5項目が含まれる。①市街化区域全域での高さ規制の見直し、②デザイン基準の見直し、風致地区や景観地区等の拡大、③眺望景観・借景の保全の取組、④屋外広告物対策の強化、⑤京町家等歴史的建造物の保全・再生についての取組みである。そのために、都市計画を変更し、高度地区を改正した他、新たに2条例を定め、4条例を改正し、景観地区・風致地区等を拡大した[12]。

この条例の制定、改正を審議した市議会に先立って京都新聞が行った市民アンケートでは8割の市民がこの政策を支持した。1994年当時とは市民の意識も大きく変わっていた。市民の期待は、優れた京都の景観を守り育て未来に引継ぐ点にあるが、その内容には世界遺産を意識した規制強化が織り込まれている。

まず、新たに定めた「眺望景観創生条例」には「眺望景観保全地域」として京都市内で登録された賀茂別雷（上賀茂）神社始め市内14の世界文化遺産に視点場を置き、登録部分の外側500mの区域を指定した[13]。他に、京都御苑と桂・修学院の両離宮や疎水、渉成園が加えられているのは追加登録への準備とも言えるだろう。保全区域内の建築行為は、遺産本体から近景の眺望を阻害しない高さに抑えるとともに、その形態意匠も制限されている[14]。また別に、遠景眺望景観区域も定め、見晴らしが重要な清水寺の奥の院の視点場からは3万haも

の範囲に規制が及んでいる。世界遺産条約の緩衝地帯は、この条例でも十分に意識され、13年を経て名目でない実質的な緩衝地帯が設けられることになった。

次に、市街地景観整備条例を改正・拡充し、建築物等のデザイン基準を細かく定めた美観地区、美観形成地区、建造物修景地区を広く指定した。これで世界文化遺産登録時に唱えた歴史的環境調整区域全域にも厳しい建築規制がかけられた。市街地全域で高さ規制が強化され、屋上広告物を全面禁止する等、屋外広告物条例でも規制強化されたため、古都京都の広大な歴史的都心部は14の登録資産の緩衝地帯となり得るほどに保護制度が整った。

これら細部は、1993年以来日本から次々と文化遺産を登録するたびにICOMOS委員による審査過程で指摘された問題点を参考にしている。実際には、国内制度と京都市独自の制度をつなぎ合わせ、一歩進める工夫をしたのだが、かなり効果的な規制ができたと思う。

4 世界遺産の歴史都市、ウィーン・メモランダムと歴史的都市景観

21世紀の初頭、歴史的都市景観が問題になるほどに規制緩和が進んだヨーロッパの都市と新景観政策で規制強化された京都市とは対照的に見える。歴史的都心部の認識とその保存に遅れて取組んだ京都がEUの歴史都市に追いついた今、一部ではあるがパリやウィーン等代表的な街で事態が悪化していたようにも見える。しかし、違いはそう簡単ではない。

1 EUの歴史都市の保存方法の発展

1970年代の規制中心だったEU歴史都市の景観保護政策は、その後も発展を続けた。発展とは、まずこの制度が代表的かつ先進的な一部の歴史都市の政策から全国の小都市にまで広がった点にある。同時に、前述フィレンツェ条約制定に見られるように、景観保護の領域を都市から国土全域に広げ、ヨーロッパ全体が景観保護の対象領域に広がった点にもある。その必要性が長年言い続けられ、採択後もさらに4年を要して発効にこぎ着けたフィレンツェ条約を批准したEU諸国それぞれに苦労して国内法の整備が進んだのである。

次に、歴史的都心部では、建築行為に関する手法がそれぞれの都市固有の方法で発展した点も重要である。それも、保存すべき歴史的建造物の修復手法でなく、インフィルといわれる、それらの間、隣に新しく建てられ、また改築される建物の設計手法が整ったのである。そして、建物に加え、都心部の景観を構成するテントや証明、看板などの都市調度、街路舗装のデザインなどによる町並み景観のアンサンブル（調和）手法が次々と改善された。その町の建築的特長を活かすため、建物の高さ・形態をより詳細に規制するだけでなく、色彩・素材などにも細部に渡り、また建物の用途、ボリューム（容積）や、建物と中庭・裏庭などの配置の規定が盛込まれた。そして、より多くの優れた建築家が歴史的都心部で次々と、美しく調和したデザインを示したために、歴史と伝統の中に現代が淑やかに挿入され、EUの歴史都市は、どの現代都市よりもむしろ芸術的な魅力を蘇らせた。したがって、歴史的都市景観保護は、優れた文化政策としても認識されるようになった。この点は、日本よりかなり進んでいるように見える。

とはいうものの、歴史的都心部とはいえ、現代都市の都心で絶え間なく行われる建築行為への規制であるがために、デザインの観点に限らず、規制そのものの是非が度々議論される。もちろんマスコミが取り上げるために、一般市民の関心は高い。だから、土地・建物の所有者や建築主、建築や文化財の専門家に任せるだけでなく、是非を巡って活発な発言が続く。EU諸国の中でもアムステルダムでは、建築許可の審査を公開し、市民意見を聴取し、それに対する回答を建築主や建築家に求めている。この市民に開かれた議論の中で歴史的都市景観を守ろうという仕組みは、特に優れた点である。

さらに、歴史的景観保護が関連する様々な領域と整合し、より総合的な政策になった点である。特に、1980年末からEUの環境政策が進み、多くの都市で低炭素型都市構造への転換が進み、歴史的都市景観保護と密接に関わって都市計画の見直しが進んだ。サスティナブル・シティ、エコ・シティ等と呼ばれる新しいマスタープランには、周辺の自然環境の保護と並行して、歴史的建造物を最大限に活用した景観保護が謳われている。同時に交通政策が大きく変わり、脱モータリゼーションのまちづくりが進み[15]、EUのほとんどの歴史的都心部へ

の自動車流入量が制限され、歩行者専用道路（モール）が広がった。保存・再生が進み美しく蘇った町並み保存地区でのモール化は、たちまち賑わいを取戻し、多くの町で都心が再生された。

　1970年代当時、歴史的都心部の保存が始まった頃には、多くの都市で郊外開発が盛んで、都心空洞化が進んでいた。経済が成長すれば、都心部に金融機関や大型ホテルが増え、住民は郊外に転出し、零細な小売商業・サービス業も減少すると考えられていた。これを都心の第三次産業化、大資本によるジェントリフィケーションと呼んだ。今では銀行は減ったが、ホテルは増えている。しかしそれは、町並み保存規制に従った姿であり、それ以上に歴史的建造物の特徴を活かした高額所得者の住宅や有名ブティックが増加している。これも一種のジェントリフィケーションではあるが、都心に集中する民間投資は多様で、その町の持続的な経済活動を支えると考えられている。

　こうして、都市の経済活動の持続的発展に対応するためには、総合的管理（マネジメント）が必要だという議論が発展した。2000年代にはWHCも世界遺産の管理計画を各国に求め始めた。その中でも歴史的景観保護を都市の政策課題として議論し、政策立案できるか否かを問う。そのためには多分野での詳細な調査と理解が不可欠になる。その文化遺産を詳細に述べ、その価値を論ずるだけではマネジメントプランは描けない。法制度を整え、保存技術を発展させても、その歴史都市の市民・事業者の合意を得た総合的管理を実現することはできない。だから、ウィーン・メモでも多分野に渡る専門家の参加と総合的な市民参加を求めている。

2　歴史的都市保存の限界を乗り越えるために

　民主主義国家である以上、合意形成は難しい。また、総合的であるためには、狭い町並み保存地区と違い、首都クラスの現代都市の、広大な都心部で頑なに歴史的建造物を保存し、一切の建築行為を禁止することはできない。賛否両論の狭間で、歴史的景観に相応しい現代建築を誘導するガイドラインを示さなければならない。一方で進む市街地再開発が景観に与える影響を示し、市民の議論を経た手続きで制御する場合もある。もちろん、個々の建物の高さや容積率、

ガイドラインが示す形態・意匠が、現在の社会経済活動に悪影響を与えない適切なものであることを、規制を受ける地権者・建築主に常に示さなければならない。また、歴史的都市全体の景観を守ることは、文化的だけでなく、社会的・経済的にも適切な将来設計であることを大多数の市民に納得してもらう必要がある。

　孤立した山奥の過疎集落は別として、観光の発展のために歴史的町並みが要るという理由では大都市の市民は説得できない。ケルンやウィーンと同様、日本最大の観光都市・京都ですら市民総生産に占める観光関連産業の割合は低い。より盛んな製造業は、グローバルに対応した経済活動のための機能的な建築や都市空間を切実に必要としている。しかし同時に、市民は美しい町並みを望んでもいる。強い個性を主張する建物や機能的過ぎる建物よりも、その都市固有の歴史が感じられ、愛着が湧く建物が織り成す歴史的景観を求めている。そして、それがデザイン・ガイドラインで誘導された調和の取れた町並みによって制御されることも理解している。世界中で歴史的都市景観が保存された美しい街が増えたことで、先進国の多くの市民はすでに気付いている。京都でもグローバルに活動する一流企業の経営者や社員が、保存派の市民とは別の方向からではあったが、歴史的都市景観の保護を訴えていた。

　だから、市民の意見が反映されれば、景観保護の政策は合意されるという期待がある。ケルンやウィーンと同様に京都でも歴史的都市景観を守ろうという市民運動は盛んだった。しかし、経済活動をより自由に発展させたいと願う市民・事業者の声も高かった。そのどちらでもない一般の市民は、自らの利害に敏感で大勢に流されやすい。ドレスデン渓谷架橋問題では、市民投票で示された市民の意思が登録抹消を伴う架橋を決断した。他のEUの歴史都市の一部で起こっている問題も、現代の市民社会には世界遺産の保護よりも優先すべき課題があることを示している。これは明日にでも我々の町でも起こり得る問題である。1994年の登録時には、京都でも恐れられていた問題でもある。

　ドレスデンの問題は登録時から予測されており、文化的景観の範囲設定で調整すべきだったともいうが、社会資本整備が遅れ、統一後も発展から取り残された旧東ドイツ都市の市民感情への配慮が足りなかったのである。ケルンでも

過半数の市民の意向を受けた市長は高層ビルに賛成だった。京都の歴史的都心部でも不足がちなホテルを誘致するためには高さ規制は障害だという声もある。そして世界の大半を占める途上国の都市ではEUや日本の都市とは比較にならない規模で同様の問題が起こるだろう。

　多様な人々が活動する歴史都市が持続的に発展する様子が日常的に市民の目に触れなければ、歴史的景観を維持することへの市民・事業者の賛同は得られない。だから、都市計画はいうまでもなく、総合計画、産業振興、商業・観光振興、社会福祉、環境保全などすべての分野の行政計画に歴史的景観の保護の仕組みを位置付ける必要がある。その取組みが市民のよりよい暮らしと生業を実現することを示すためである。だから、世界遺産の保護に関わる専門家、特に遺産管理計画の策定に加わる専門家は、保存計画よりもむしろ総合計画を始めとする各種行政計画に通暁し、できれば直接関わることが望ましい。また、それらの策定経験を踏まえた上で、先述のマネジメントプラン策定に関わるべきだろう。

　これまでは、一方の専門家が狭義の文化財行政を担い、他方の専門家が狭義の都市計画の審議をしていた。日本では、だから地域固有の歴史と伝統を活かしたまちづくりができなかった。だから領域を超えたところに専門家が要る。今や、各種行政計画との整合なくマネジメントプランは立てられない。整合なく立てれば実行できない。もちろん、計画に関わる行政担当者は現状と現行計画との整合までは考えるだろう。しかし、策定検討段階中にある各種計画との調整はできにくい。そしてその検討作業を必要とする現在・未来の地域と住民・事業者の課題を踏まえることは、担当部局外であるために考慮すらしない場合が多い。そこに分野横断的に策定に関わる専門家の存在意義がある。

　フィレンツェ市（1982年登録）は、ユネスコ世界遺産センターに2005年、優れたマネジメントプランを提出した。部局横断的な組織をつくり、総合的な取組みにまとめた。その冒頭で「世界に美と優れた感性、芸術と文化を知られるフィレンツェを化石にせず、知の力と戦略の術を尽くしてマネジメントプランを立てた。フィレンツェ市民は、文化発展のモデル、先端的研究、そして人文・自然・社会科学に関する豊かな記録の枯れることのないリソースとしての

フィレンツェを提案する」と述べた。

プランは4部からなり、第1部はフィレンツェと地域の特徴、文化的コンセプト、関係する多様な機関を示し、2部で現状分析と、文化遺産・博物館、遺跡、芸術、文化、建築等の現状と保存計画、文化部門として工芸、ファッション、商業と地場産業に多くの頁を割いている。3部では管理計画の目標と戦略として、文化遺産の保存と再評価、その理解を深めるための研究・普及活動、交通と環境計画、そして観光に関する4つのアクションプランを示し、4部は計画管理とモニタリング方法を示している。

このプランの特徴は、世界遺産である歴史的都心部のマネジメントは、国立博物館や教会よりもむしろ、工芸、ファッション、商業等の地場産業に関わる多様な人々の日常活動によって実践されるとし、それが歴史的景観の保存につながる道を示した点にある。彼らがフィレンツェの文化的価値を支えていると考えたからである。2009年に国の認定を受けた京都市の「歴史風致維持向上計画」(2007年歴史まちづくり法による)も同様に、京都の文化的特徴を網羅した上で、より多くの市民・事業者の参画を得たまちづくりの方針を6つの柱で示している。「①祈りと信仰のまち京都」は仏教会・仏教連盟と神社庁を含む社寺とその門前町の人々、「②ものづくり・商い・もてなしのまち京都」は商業・サービス業、そして老舗や伝統産業界、花街の人々、「③文化・芸術のまち京都」は能・狂言や茶の湯、生け花などの伝統文化、美術などの芸術活動を支える人々、「④暮らしに行きづくハレとケのまち京都」は祇園祭保存会に代表される組織、街中で地蔵盆を続け、地域の住民活動を担う大多数の一般市民、「⑤京郊の歴史的風致」は伏見の他、旧街道沿いの町の人々、「⑥伝統と進取の気風の地」は近代洋風建築を建て今も京都経済を支える先端企業を含む産業界の人々であり、それぞれを対象に歴史まちづくりへの取組みを示している。歴史的都心部で暮らし働くあらゆる人々である。

市民・事業者の参画が不可欠なのは、街に愛着をもつ多くの市民の日常生活に位置づけられ多様な活動が歴史風致を維持・向上させ、その向上が地域固有の零細な事業所の市場を広げるのに役立つことを示さなければ、膨大な民間投資を歴史風致の向上に向けることへの合意が得られないからである。

第2章　世界遺産における歴史都市の課題

　歴史都市に暮らす人々は、歴史への強い関心から未来を拓こうとしている。文化遺産の価値は、反省を込めつつも、未来に向けて歴史を再評価することでより高まるだろう。この文化の力が、現代に暮らす人々を相互につなぎとめ、地域と世界をつなぐことにもなる。世界遺産の文化的意義は、こうして着実に進化していく。

5　おわりに

　ウィーン・メモ以降も歴史的都市景観に関する議論は続き、ユネスコは2011年秋の第36回総会での採択を目指して、歴史的都市景観に関する勧告を出そうと、各国に照会を掛けた[16]。総会で採択されるユネスコ勧告は、教育、科学、そして文化の分野ですでに30以上も出ている。文化遺産に関するものは、1976年第19回総会で採択された「歴史的地区の保全及び現代的役割に関する勧告」以来である。ドラフトでは、21世紀の都市保存への挑戦として、その具体的な取組みを詳細に述べるとともに、アクションプランを挙げている。

　その内容は、この章で述べたように歴史都市に住み働く市民・事業者の参加とその合意形成、その自治体の開発計画に、有形無形の文化遺産を幅広く含んだ歴史的景観の保存を位置付けることを述べている。そして、マネジメント体制の構築の必要性を訴えている。そのため、都市発展計画（strategy）または保存計画を発展させ、開発と保存を統合し、開発すべき地区と保護する地区を明確に区分する現実的な提案をしている。両者の対立にまだ苦しんでいる。

　しかし、市民参加を進める中で解決策は見つかると、私は考える。それぞれの都市に相応しいよりよい未来に向けて、多くの人々の関心を集め、その上で民主的な議論を重ねることで解決は見えてくると思う。京都で経験したように、一部の開発事業者を除き、大多数の市民は質の高い文化的環境を求めている。すでに衣食住が足りた先進国でも、間もなく満たされる途上国でも、20世紀型の開発モデルへの反省が広がっている。よりよい暮らしと豊かな都市経済を実現するには、歴史的都市景観が不可欠である。だから、未来への関心が正しい方向に向かう中から過去への関心が高まるはずだと考える。

第Ⅱ部　世界遺産を学ぶ

　文化遺産は、これまで歴史・民族など個別の関心から保存が論じられていた。または、狭義の観光資源と見る視点に囚われていた。民族国家統合、自民族の権威の証明などの内向きの目的でなく、世界の中でその街の市民が、自らの個性的な魅力を示すための拠り所と捉える考えが広がっている。文化遺産を民族とその過去からの視点に囚われず、未来に向けて解き放つ発想も生まれた。グローバル化が進む時代だからこそ、文化遺産の必要性は再認識される。

1) World Heritage Centre, Vienna Memorandum on "World Heritage and Contemporary Architecture -Managing the Historic Urban Landscape". ウィーン・メモランダムは、その後2005年の世界遺産委員会を経て、2011年にユネスコ勧告となるべく、その後も2006年のエルサレムとパリ、2007年のザンクトペテルブルグ等の専門家会議が度々召集され、世界遺産条約の履行指針の規定とあわせ、現在も議論が続けられている。

2) 欧州景観条約（通称フィレンツェ条約）は、欧州内の景観の保護、管理と計画と景観に関する欧州の共同化を促進する。この条約は、2000年の採択後、各国の批准を経て2004年に発効した。まだ批准していないEU諸国とEU外の国々も参加することができる。都市と農村、陸地と水上にあるすべての自然と文化の生きた遺産である景観を保護し、ヨーロッパのアイデンティティと多様性を守ることを意図している。ヨーロッパという広い範囲で景観のみを対象にした、世界で初めての条約である。

3) 古都における歴史的風土の保存に関する特別措置法、1966年1月13日公布。現在では、本文中の3都市に、天理市、橿原市、桜井市、斑鳩町、明日香村、逗子市および大津市が加わった10市町村が同法に基づく古都に指定され、これらの市町村では、歴史的風土保存区域の指定や歴史的風土特別保存地区の都市計画決定等の措置を講じ、区域内での開発行為を規制すること等により、古都の歴史的風土の保存を図られている。

4) 大西國太郎『都市美の京都——保存・再生の論理』鹿島出版会、1992年、154頁。

5) 宗田好史編著・共訳『RE』No.140特集・都市再生、建築保全センター、2003年。

6) 当時、建設省は「京都市の自然的・歴史的景観は、戦前からの風致地区及び古都保存法の歴史的風土特別保存地区・市条例の美観地区の指定で十分守られている。商業都心までビルの高さを制限する必要はない。」といったという。

7) 清水・産寧坂と祇園新橋は住民の熱心な活動から町並み保存条例が生まれ、1976年9月最初に手掛けた全国7地区（他は、世界遺産の岐阜県白川村荻町の他、秋田県仙北郡角館町、現仙北市、長野県南木曾町妻籠、山口県萩市堀内と平安古の2地区）中の2つに選定された。産寧坂地区は、1996年に石塀小路等に拡大され、1999年には祇園新橋地区と四条通を挟んだ南側の弥栄学区25町の内5町を「祇園町南側地区」として「歴史的景観保全修景地区」とした。これは地元NPO法人の協議会が定めた景観協定に始まり、茶屋街の修景ガイドライン、地区計画、細街路の建築基準法の第42条3項道路の指定、業種の規制、電線

地中化、石畳舗装等を発展させた町並み保存・修景である。また、京都市防火条例が制定され、木造の町家を守る工夫等も進んだ。
8）　京都市土地利用及び景観対策についてのまちづくり審議会（通称・まちづくり審議会、1991年設置）は1992年に答申した。当時はバブル高揚期で地価抑制対策が迫られおり、91年に「伝統と創造の調和したまちづくり推進のための土地利用についての田辺市長試案」が示され、この審議会が設置された。答申には「自然・歴史的景観保全地域：東山、北山、西山という京都を取り巻く三山とその裾野一体の保全及び景観対策を積極的かつきめ細かく行う地域」（北部）、「調和を基調とする都心再生地域：京都駅以北の都心部で、住みよく活性化するために再生を図る地域」（都心）、「新しい都市機能集積地域：京都駅以南で、新市街地を形成し、産業の発展を図る地域」（南部）という。また、京都駅南を都心再生地と南部地域とのバッファゾーン（緩衝地帯）とした。
9）　風致地区は、前述の通り、1930年に制定され、指定事務が1956年京都府から市への移管、1970年4月9日京都市風致地区条例（条例第7号）となり、1995年の改訂を経て、新景観政策で同条例施行規則が2007年に改正となった。地区内では、建築行為等の申請と美観・風致審議会での審査が義務付けられた。また1995年には京都市自然景観保全条例が定められ、山紫水明自然風景が厳しく保全されている。
10）　京都市都市計画局が2001年に設置した「都心部のまちなみの保全・再生に係る審議会」、2002年5月に答申を取りまとめ、2004年に市議会で「職住共存特別用途地区条例」が制定された。
11）　特別用途地区条例の規制強化は主に、1997年建築基準法改正によってマンション共用部分の面積を容積率の床面積に参入しないという制度のために、一般のオフィスビルよりも高く建てられるマンション（共同住宅）について、1・2階部分を店舗等賑わい施設に充てない限り容積率は300％までとした点にある。
12）　新たに定められた条例は「眺望景観創生条例」、「高度地区特例許可手続条例の制定」、改正された条例と「市街地景観整備条例」、「風致地区条例」、「屋外広告物条例」、「自然風景保全条例」。
13）　古都京都の文化財の内、比叡山延暦寺は京都市と大津市にまたがって登録されているため市内の世界文化遺産登録の文化財は15と数えることもできる。眺望景観創生条例告示には比叡山は入っていない。
14）　同条例では、眺望景観保全地域内の建築物等は、(1)建築物等の標高は、視点場から視対象への眺望を遮らない、(2)近景デザイン保全区域では、視点場から視認できる建築物等の形態及び意匠は、優れた眺望景観を阻害しない、(3)遠景デザイン保全区域では、視点場から視認できる建築物等の外壁・屋根等の色彩は優れた眺望景観を阻害しない、等として基準を定めた。
15）　EU都市のモール化が1960年代から都心の交通渋滞対策として始まった当時は、排気ガス問題はあっても、地球環境問題とはほとんど知られていなかったが、1990年代には環境政策から温暖化ガス排出抑制のために公共交通優先のまちづくりが、より強く求められ

るようになった。
16) A New Internationals Instrument : The Proposed UNESCO Recommendation on The Historic Urban Landscape (HUL), UNESCO, 2010.

第3章
文化遺産の災害対策

土岐　憲三

1　はじめに——文化遺産の災害

　国宝や重要文化財が自然災害により損傷を受けたり、焼失した例はそれほど多くはない。一般に知られている例としては、1998年9月22日の台風22号によって、奈良県の室生寺の国宝である五重の塔に杉の巨木が倒れかかり、各重の屋根や軒が大きく損傷を受けた。幸いにも心柱が傾く事は無かったので修復できないというような被害ではなかった。奈良時代末期の創建とされており、高野山は女人禁制であったのに反して、室生寺は女性も参詣ができたので、女人高野として広く知られており、この災害を知って多くの人が心を痛めた。

　1991年9月27日に広島県を襲った台風19号により、厳島神社が大きな被害を受けた。この神社は平家の崇敬を受けた事で知られており、国宝だけでも6棟に及ぶ。この時、重要文化財である「能舞台」が倒壊した。1999年9月24日の台風18号では国宝である「社殿」が大きな被害を受けた。さらに、2004年9月7日の台風18号では暴風と高潮により、国宝の「左楽房」が倒壊し、舞台が被災して流された部材を関係者が海中に入って拾い集めた事も知られている。また、五重の塔の桧皮葺も損傷を受けている。

　京都の大原に在る寂光院は平家物語に登場する建礼門院が余生を送った所として知られているが、重要文化財であった本尊の木造地蔵菩薩立像が焼亡し、堂内の建礼門院の張り子像なども焼損した。

　文化遺産の災害は自然災害と人為災害に大別できるであろう。京都の神社仏閣の被災回数を示したのが**図表3-1**である。図中の（　）内は災害後に復興せず現存しない寺社である。この図では自然災害と人為災害の両者を合わせた被

figure 3-1 京都の寺社の災害史

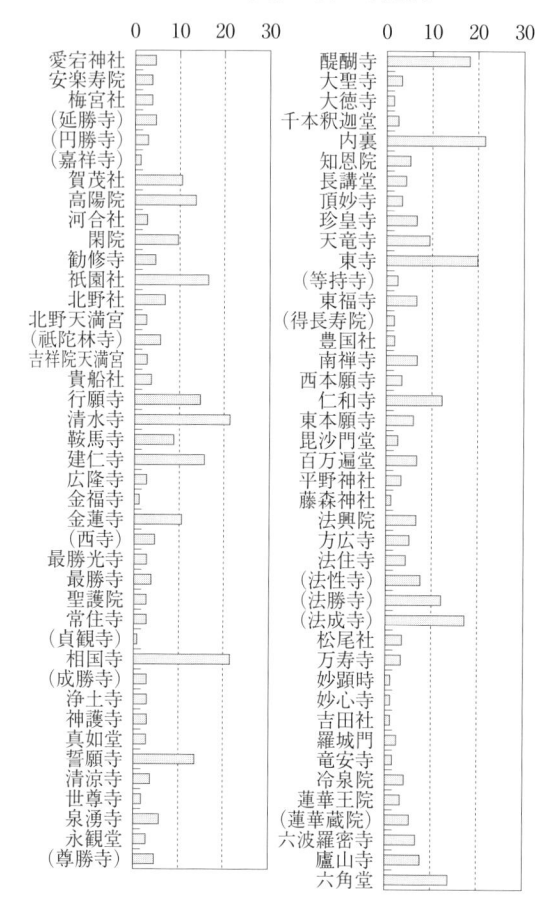

災回数を示しているが、人為災害によるものが多く、そのほとんどは火災である。これに反し、地震や落雷あるいは水害や斜面崩壊などの自然災害による被災回数ははるかに少ない。

人為災害は歴史的には戦乱によるものが大多数であろうが、内裏ではこれが約20回に達している。また、岡崎にあった法性寺、法勝寺、法成寺などは約10回の火災の後に廃寺となっている。これは、その回数だけの火災に遭った後、遂に見捨てられた事を意味している。このように、京都の寺社の災害の歴史は火災と復興の繰り返しの歴史であると言って良かろう。

一方、図表3-2は京都に在る各種の指定文化財の1950年から2000年までの50年間の火災の原因を示しており、14件中の12件が放火である。図表3-1に示した歴史的な災害でも戦乱時の火災には放火が多く含まれている事は想像に難くない。このように見ると、少なくとも京都の文化遺産は数多くの火災、特に人為災害である放火を繰り返し受けている事が明らかであり、冒頭に示した室生寺や宮島のような自然災害が稀である事が分かる。しかしながら、これは歴史

第3章 文化遺産の災害対策

図表3-2　京都市内の文化財火災被害一覧（京都市消防局提供）

	発生年月	対象物名	原因	焼損状況
1	昭和25年7月	鹿苑寺	放火	仏舎利殿（国宝）及び木造坐像（国宝）焼失
2	37年7月	壬生寺	放火	本堂及び木造地蔵菩薩坐像（重文）木造四天王立像（重文）、金鼓（重文）焼失
3	37年9月	妙心寺	放火	鐘楼（重文）焼失
4	41年5月	霊雲院	放火	書院（重文）のふすま、壁、天井の一部焼損
5	41年7月	大徳寺	放火	紙本墨画猿曳図（重文）焼失
6	50年8月	奥杼神社	花火	本殿（重文）焼失
7	50年10月	清水寺	放火	本堂（国宝）の柱、床の一部焼失
8	58年12月	大報恩寺	ローソク	本堂（国宝）の向拝支柱の一部焼損
9	平成5年4月	仁和寺	放火	霊明殿の棚の一部焼損、金堂（国宝）の床下の一部焼失、御影堂（重文）の床下の一部焼損
10	5年4月	三千院	放火	住生極楽院（重文）の天井及び壁体の一部焼失
11	5年4月	青蓮院	放火	好文亭（史跡）焼失
12	9年7月	大将軍神社	放火	本殿（市指定）の屋根の一部（約20m^2）焼失
13	11年3月	大原楽園	放火	元小学校（国登録）焼失
14	12年5月	寂光院	放火	本堂焼失、木造地蔵菩薩立像（重文）焼損

的な災害や現在の状況下でのことであり、将来も人為災害が主たる原因とは限らないことを明らかにするのが本章の目的の1つである。

2　京都の文化遺産と災害

1　文化遺産に関しての京都の特殊性

　全国の国宝建造物の80％近くが近畿地方に集まっていることは、後出の図表3-7にも明らかであるが、その多くは京都府と奈良県に集中している。国宝の数では奈良県と京都府は似たようなものであるが、奈良県は斑鳩や飛鳥、奈良市に分散している。しかしながら、京都は狭い京都盆地に集中している。この集中度を政令指定都市間で比較したのが図表3-3である。

第Ⅱ部　世界遺産を学ぶ

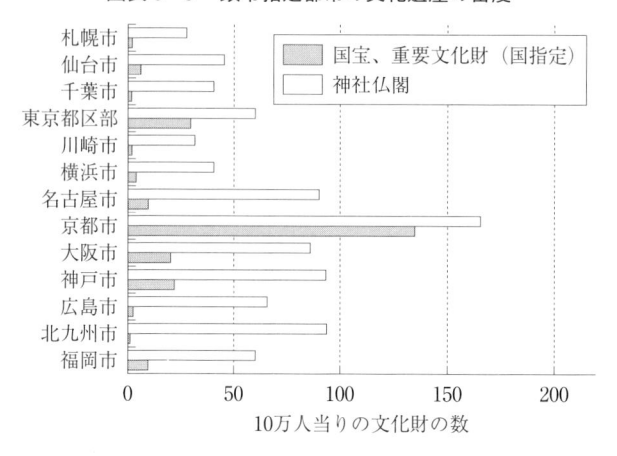

図表3-3　政令指定都市の文化遺産の密度

```
札幌市
仙台市
千葉市
東京都区部
川崎市
横浜市
名古屋市
京都市
大阪市
神戸市
広島市
北九州市
福岡市
```
■ 国宝、重要文化財（国指定）
□ 神社仏閣

10万人当りの文化財の数

　この図によれば、京都の人口当りの文化遺産の密度は他の都市の平均値の約13倍に達する。奈良市は政令指定都市でないので図表3-3には含まれていないが、京都市の約1/4ほどである。要するに京都は他の大都市よりは人口当りの密度では一桁大きいのである。文化遺産の人口当りの密度が高いということは、何らかの施策を実施するに際して、効率を考えれば優先度が高くなることを意味している。

　図表3-4は京都盆地における現在と百年前の市街地の比較である。図中の赤丸は国宝の木造建造物を表しているが、現在は盆地の隅から隅まで市街化されており、この中に文化遺産が漂っているようである。これは寺社の内部から火災が起こらなくても、周辺で火災が起これば寺社に延焼する可能性が高いことを意味している。しかしながら約120年前の明治中期に対応する右側の図においては盆地の限られた地域だけが市街化されており、その中に含まれる文化遺産は少数であり、多くは市街化されていない地域に分散されている。すなわち、現在の延焼に対する危険性は僅か百年で比較にならないほど高くなっている事を示唆している。

　1995年阪神・淡路大震災に際して京都では震度5程度の揺れであり、これによる被害は比較的軽微なものであった。負傷者が30名、軽微なものも含めて住

第3章 文化遺産の災害対策

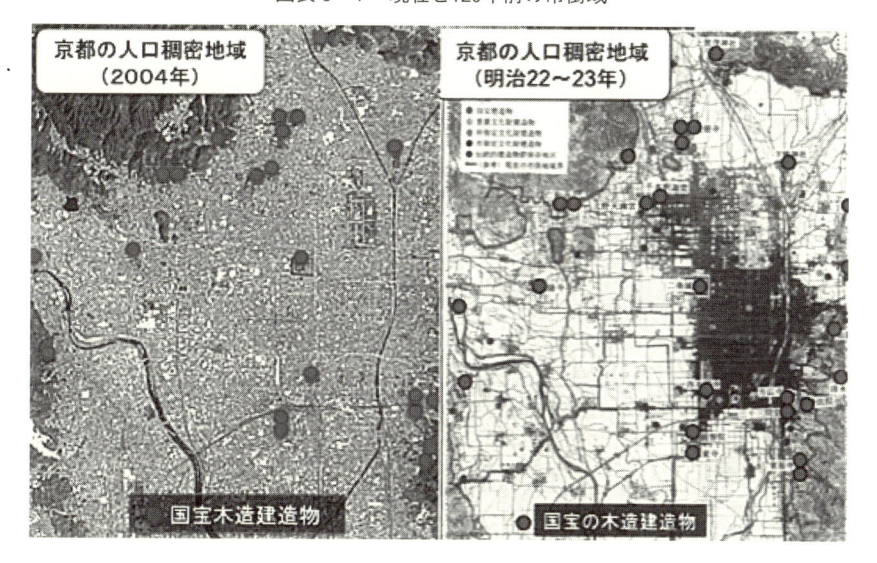

図表3-4　現在と120年前の市街域

宅の損壊が千余戸というものであり、神社仏閣の被害も土塀の一部損壊などを含めて80余件であったが、いずれも軽微なものであった。その中には仁和寺と醍醐寺で消火施設が損壊して、火災対策としての機能が失われた例も含まれており、被災の状況は裏山の貯水槽と放水銃とを結ぶ地下の管路の破損であったが注目されることもなかった。

　京都は神戸からは50～60kmも離れているにもかかわらず、こうした被害を生じるからには、もしも京都の近くで地震が起きたならば、より多くの寺社で同様な被害が出るであろうことは想像に難くない。消防施設は地下や裏山の貯水槽から放水銃までを地下の埋設管で結んでいるが、こうした地下の埋設管は地震動に対する耐震性が低いのが常である。由緒ある、あるいは重要な寺社では古い時代からこうした施設を有しているが、1980年台以前には地下の管路に対しては地震の影響はないと考えられており、地下埋設管路の耐震性が検討の対象となることは稀であった。

　したがって、皮肉なことに、由緒ある寺社ほど地震火災に対して脆弱である

ことになる。しかるに、京都には由緒ある寺社が多いから、消防施設も古い時代から整備されており、それらは耐震性能が低いので、ひとたび強い地震の揺れに襲われれば、多数の歴史的建造物の消防施設は機能を失うことになるであろう。そのような状況下で周囲の木造家屋の火災が発生すれば、延焼火災により多数の寺社が灰燼に帰することになる。

2　延焼火災の視点が欠けていた

　このように、地震による火災からの防護施設が脆弱であることのほかに、もう1つの重要な欠陥がある。それは貯水量の不足である。ほとんどの寺社の火災対策のための施設は、失火や放火など境内の中からの出火を対象としているから、消防自動車が来るまでの数十分間の自力防火もしくは初期消火に必要な水量しか貯めていない。しかしながら、大都市では阪神淡路大震災がそうであったように、地震時には火災が各地で同時に多発するであろうから、特定の寺社に十分な数の消防車が来る可能性は低い。さらに、道路は家屋の倒壊や火災で通行出来ない可能性が高い。こうしたことを勘案すれば、地震時には消防自動車は来ないと考えねばならない。すなわち、消防自動車を期待して設計した貯水量は十分ではない。貯水量が十分でなければ、境内の外からの延焼を食い止めることはできない。

　既存の火災対策施設はこうした欠陥を持っているが、それらは見過ごされてきた。このような欠陥と同時に、放水銃のためのポンプや自家発電装置の耐震性も問題である。こうした一連の装置の何れの箇所において損傷がおこっても全体の機能は失われる結果となる。しかるに、火災対策施設の耐震性はこれまで殆ど検討されることが無かった。このように、文化遺産を擁する施設の耐震診断と耐震性の強化も早急に実施されなければならないが、最も重要な問題点は周辺地域からの延焼が火災対策において考慮されていないことにある。

　文化遺産の保護に関わる我が国の基本法は文化財保護法であるが、ここにも地震時における寺社への外部からの延焼火災については明示的な記述はない。文化財保護に関しての専門家である奈良文化財研究所の元所長である鈴木嘉吉氏は「文化財保護の施策では地震に伴って発生する大規模火災への対応がスッ

第 3 章　文化遺産の災害対策

ポリ抜け落ちている」と述べている。また、元文化庁伝統文化課長（当時）であった大西珠枝氏も「地震後の火災から文化財を守るということは、これまで国が進めてきた文化財保護とは与条件が違う」と、寺社の外からの延焼については国としては、その視点を有していなかったことを認めている。

さらに、京都は戦災を受けていないことから古くからの街路が多く残されており、あるいは袋小路があり、通常の消防自動車の活動が出来ない。図表3-5に見るように、寺院の延焼を止めるために消防車が境内の外から接近しようとしても、それが出来ない場合が決して少なくない。この図の路地の突き当たり

図表3-5　寺社近傍の細い袋小

木造密集地域から千本釈迦堂を望む

図表3-6　家屋の密集地の寺院

に在る大報恩寺（通称：千本釈迦堂）は京都盆地にある国宝建造物で火災を経験していない建造物としては最も古いものである。本堂にあったいくつかの国宝の仏像は防火性能の高い宝物館に収蔵されているが、国宝である本堂は一般的な放水銃が設置されているのみである。こうした地域に在る寺社を延焼から守るための方策については殆ど検討も行われていない。このように家屋密集地域における動かせない建造物やその他の文化遺産全般の地震火災に対する対策は殆ど行われていないに近く、内陸地震が京都の近辺で起きた際の被害の大きさは計り知れないものである。

83

3 京都にも内陸地震が迫っている

　国宝の建造物の分布が図表3-7の左側に示されているが、80％近くが近畿地方の2府4県に集中している。一方、同図の右側は活断層の分布であるが、これも近畿地方への集中が目立つ。これは平均的には近畿地方に内陸地震が起きる可能性の高いことを示唆しているが、その地域に文化遺産が集中しているからには、京都や奈良の文化遺産が地震災害を受ける可能性の高いことを意味している。

　日本は戦後60年間、西欧社会に追いつけ追い越せで、経済発展を目指していたが、その間、地震では1948年の福井地震、水害では1959年の伊勢湾台風を最後に、千名を超えるような死者の出る自然災害が無かった。福井地震から阪神・淡路大震災までの約40年間に近畿地方でマグニチュード6以上の地震は2回しか起こっていない。しかしながら、1900年から1949年の南海地震までの50年間にはマグニチュード6以上の地震は近畿地方だけで13回を越えており、そのすべてが1925年から1943年までの18年間という短期間に集中しているのである。

　こうした事実を考えれば、関西地方には地震は少ないというのは誤った理解であり、戦後の50年程の間の経験のみから結論を下しているのである。関西から東海地方にかけての地震環境はすべて南海トラフ沿いに起こる東海地震、東南海地震、南海地震などが作り出しているが、これらの地震は100～120年を周期として繰り返していることは歴史的に明らかである。したがって、これらの地域の地震に関しては50年ではなく100年の単位で見なければならないのである。

　このような観点からは、今は図表3-8に見るように、1995年の兵庫県南部地震をさきがけとして、1890年頃から始まったのと同様な活動期に入っているのである。2000年の鳥取県西部地震、2001年の芸予地震などが一連の内陸地震である。災害は誰にとっても起きて欲しくないことであるが、関西の内陸地震は遠くない将来必ず起こる。ただ、それが何年何月に起こるということが明確でないので、危機感を持たず、そして起こって欲しくないという気持ちが、いつの間にか自分のところには起こらないという楽観的な見方に置き換えられてい

第3章　文化遺産の災害対策

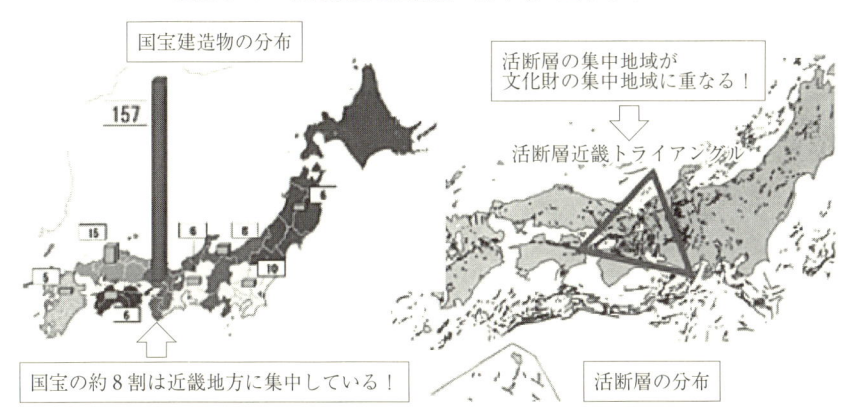

図表3-7　文化遺産と活断層の集中域が重なっている

国宝建造物の分布

157

15

6

6

10

6

5

5

国宝の約8割は近畿地方に集中している！

活断層の集中地域が文化財の集中地域に重なる！

活断層近畿トライアングル

活断層の分布

図表3-8　西日本の地震来歴

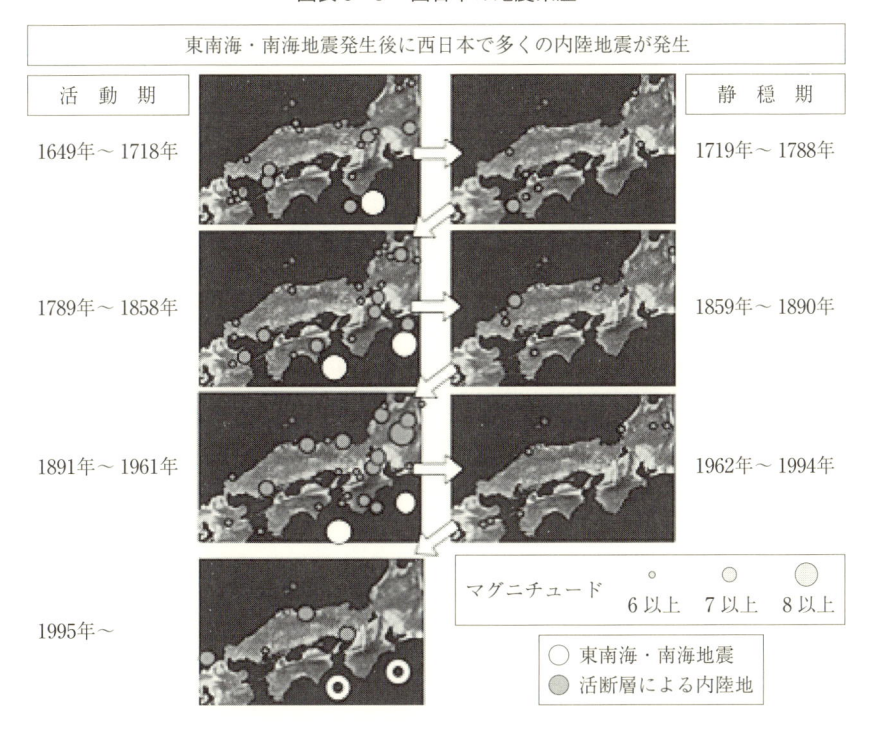

東南海・南海地震発生後に西日本で多くの内陸地震が発生

活　動　期		静　穏　期
1649年〜1718年		1719年〜1788年
1789年〜1858年		1859年〜1890年
1891年〜1961年		1962年〜1994年
1995年〜		

マグニチュード　○6以上　○7以上　○8以上

○ 東南海・南海地震
● 活断層による内陸地

るのである。2004年10月の新潟県中越地震に際しても、被災者がテレビインタビューに「まさか自分のところで起こると思わなかった」と答えていたが、ほとんどの人はそのように考えているのであろう。阪神・淡路大震災では6,000余名の人命が失われたが、「自分は明日、地震で死んでいるかも知れない」とは誰も思わなかったはずである。現在は当時と違って、多くの専門家によって、関西は地震の活動期に入ったといわれているのである。自分の居るところでは起こらない、という非科学的な、そして希望的観測はすべきでない。地震の危険度をこのように捉えていては、文化遺産を地震後の火災から守ることは覚束ない。

4 京都の文化財の歴史は火災の歴史

　京都では平安遷都の後、多くの神社仏閣が建立されたが、通常の火災や落雷以外にも多くの戦乱により火災が多発した結果、多数の寺社が焼失している。それはすでに図表3-1に示したとおりであるが、同図中の廃寺になった寺社がどの時代に多かったかを示したのが図表3-9である。

　これらの図には各時代ごとの地図上に市街地を示している。図中の各時代の寺社の所在地を地図に垂直な棒が示しており、それらの棒には各時代の災害の種別を色で区別して示してある（本書は白黒の図のために区別が判別できていない）。また、廃寺となって以後は灰色で示されている。

　まず、平安京が出来た頃は、人々は京都盆地の比較的広い地域に住んでいたようである。時代とともに東へ北へと移り、戦国時代には人口は極めて少なくなっていたが、1900年から2000年までの100年間に爆発的に市街地が広がったことが分かる。図表3-9中の右下の図は、廃寺の時間的経過を取り出したものに相当するが、これによれば京都は歴史的には過去2度にわたって大量の社寺がまとまって見捨てられ、廃寺となったことが分かる。最初のものは明らかに応仁の乱を中心とする戦乱による火災であり、2度目は明治初年の政治的混乱とでも言うべき廃仏毀釈によるものである。そして、これまでに述べたように京都盆地が地震に対して大変脆弱な状態にあり、内陸地震の発生の可能性が高いことなどを勘案すれば、近い将来に、必ずや3度目の大量の文化遺産の焼失

第3章 文化遺産の災害対策

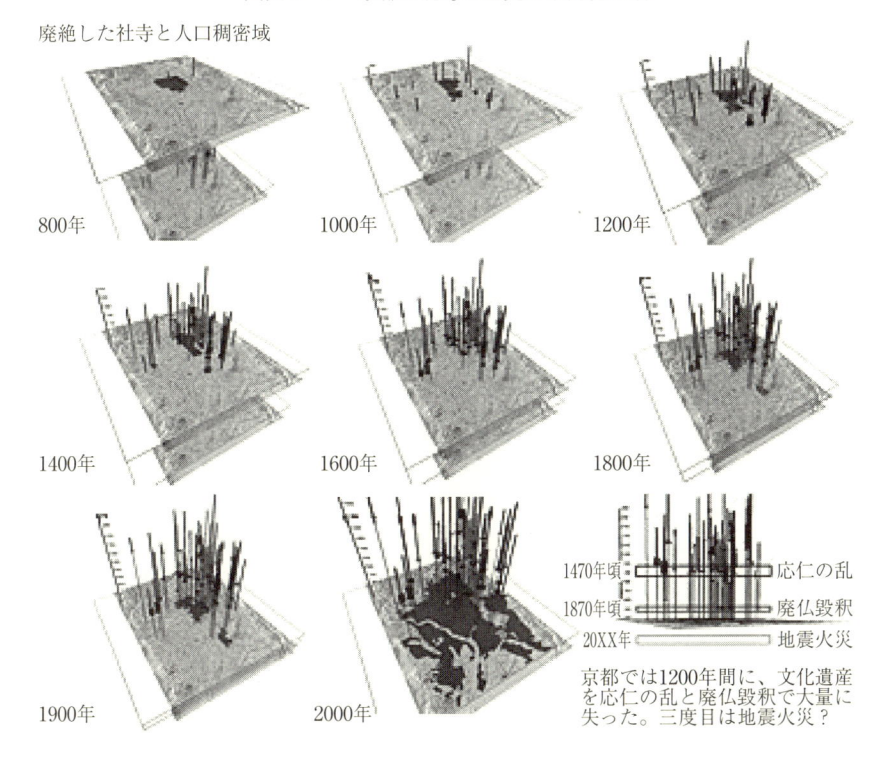

図表3-9 京都の廃寺の歴史と市街化地域

廃絶した社寺と人口稠密域

800年　1000年　1200年
1400年　1600年　1800年
1900年　2000年

1470年頃　応仁の乱
1870年頃　廃仏毀釈
20XX年　地震火災

京都では1200年間に、文化遺産を応仁の乱と廃仏毀釈で大量に失った。三度目は地震火災？

が起きることが明らかである。

　図表3-10の中央の白線内は天明の大火（1788年）で焼失した地域を示しているが、現存する世界遺産や国宝の木造建造物は、この火災が及ばなかったので現在まで遺っていることが明らかである。この大火では市街地の約8割が焼失したとされ、当時の市街地はこの焼失地域に西陣と祇園の一部を加えた地域であった。もしも、当時も現在のように京都盆地の隅から隅まで人家があったならば、図表3-10中の多くの重要建造物は現存しないであろう。すなわち、**図表3-9**と**図表3-10**は現在の京都盆地内の重要な木造建造物は如何に危険な状況かを示している。

87

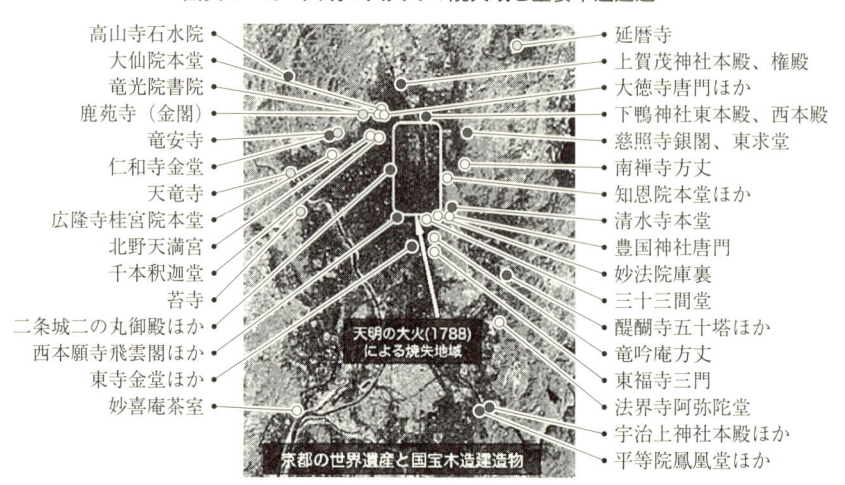

図表3-10　天明の大火での焼失域と重要木造建造

高山寺石水院
大仙院本堂
竜光院書院
鹿苑寺（金閣）
竜安寺
仁和寺金堂
天竜寺
広隆寺桂宮院本堂
北野天満宮
千本釈迦堂
苔寺
二条城二の丸御殿ほか
西本願寺飛雲閣ほか
東寺金堂ほか
妙喜庵茶室

延暦寺
上賀茂神社本殿、権殿
大徳寺唐門ほか
下鴨神社東本殿、西本殿
慈照寺銀閣、東求堂
南禅寺方丈
知恩院本堂ほか
清水寺本堂
豊国神社唐門
妙法院庫裏
三十三間堂
醍醐寺五十塔ほか
竜吟庵方丈
東福寺三門
法界寺阿弥陀堂
宇治上神社本殿ほか
平等院鳳凰堂ほか

天明の大火(1788)による焼失地域

京都の世界遺産と国宝木造建造物

○ World Heritage　　○ National Treasure　　● Both of National Treasure and World Heritage

3　京都の文化遺産と防災

1　文化遺産防災の始まり

　1949年に起きた法隆寺金堂の壁画の火災を契機として、1950年に文化財保護法が制定された。それ以来、政府や文化財関係者のたゆまぬ努力によって、我が国は文化財の保護に関して大きな成果を挙げてきている。文化財の経年劣化の防止・軽減、埋蔵文化財の発掘と調査、火災からの防護など、幅広い分野にわたって、赫々たる成果を達成している。

　文化財保護の分野は大きな拡がりをもっており、関係分野も多岐にわたるが、自然災害問題だけは見過ごされてきた。特に地震災害に際しての対策の欠如については、既述のように文化財保護の分野の専門家も大地震時に懸念される周辺地域での同時多発火災が、歴史的建造物に対して延焼することを防ぐものではなかったことを認めている。すなわち、文化遺産保護の専門家も、今後は文化遺産の防災問題に傾注しなければならないことを認識しているのである。

　一方、自然災害の防止や軽減に関わる研究者は全国で2,000名程であるが、

こうした研究者や技術者は文化財の防災の問題に関して組織的に研究を行ってきてはいなかった。特定の歴史的建造物や文化遺産に関しての個別の研究は、少数ながら学問的興味から行われてきてはいるが、組織だった研究にはなっていなかった。すなわち、文化財や文化遺産は代替性のないものであるから、他の社会基盤などとは別の視点から論ぜられるべきものであるが、自然災害の研究分野では、こうした俯瞰的な視点に立っての研究は行われてこなかった。

図表3-11　欠けていた視点

文化財保護	自然災害研究
文化財の修復 埋蔵文化財 防火対策 経年変化への対策	地震、洪水など 社会基盤施設 個人の生命財産 企業施設

自然災害　欠けていた視点　文化遺産
⇓
文化遺産防災

　このように、文化財保護の世界では自然災害からの防禦という視点が忘れられており、自然災害に関する分野では文化財を特別なものとして扱うという視点が忘れられていたのである。文化財防災の問題は**図表3-11**のように、関係する両分野で見過ごされてきたのである。しかしながら、1995年阪神・淡路大震災の直後から始まった、文化財防災の問題を見直そうとする考え方が次第に広く理解されるようになってきている。これは、文化遺産の分野の人々、自然災害の分野の人々、あるいはいずれにも直接関係しない人々が、この忘れられてきた視点に気付いた結果に他ならない。そして、こうした見直しの気運は次第に大きな流れになりつつある。

　このように、文化財保護の世界と防災の世界は互いに関わりなく、これまではそれぞれの道を独自に歩んできており、阪神・淡路大震災では国宝が火災で焼失することもなかったから、文化遺産の防災が一般社会で注目されることもなかった。しかしながら、この地震の被災地域から5-60kmも離れた京都の仁和寺と醍醐寺の消防システムの地下管路が破損して、その機能を失った。この地震による被害は一般の人々にとっては軽微な被害であったが、地震工学や災害科学者にとっては、京都が内陸地震による強い揺れを近い将来経験するであろうこと勘案すれば、見逃すことの出来ない重要な警告であった。そこで社会

への警鐘を発するために、筆者は1997年10月には任意団体である「地震火災から文化財を守る協議会」を設けた。すなわち、小松左京氏を会長、瀬戸内寂聴氏、新野幸次郎氏を副会長として、文化遺産を災害から守ることの意義を理解する各界の有識者により構成した。また、近畿地方の知事や市長らもこの会の顧問に就任している。一方、こうした考え、すなわち文化遺産を地震災害から守ることの重要さを理解する一般の人々による「地震火災から文化財を守る会」が1997年10月に発足した。その後、この任意団体を基にして、2001年8月にNPO法人「災害から文化財を守る会」が発足した。このNPO法人は著名人による基調講演をはじめ、パネル討論を含むフォーラムを毎年行い、京都、大阪、東京、奈良、大津、金沢などですでに14回開催している。また、会報「情報ネット」を毎年4回発行するなど地道な活動を続けるとともに、後述の京都の東山山麓での消防システムの構築に際しての基本計画の策定や、国の委員会でのケーススタディの実施などにも重要な役割を果たしてきている。

2　文化遺産防災対策事業

　文化遺産の防災問題の重要性は政府や一部の自治体では認識されつつある。例えば、平成15年6月に、図表3-12に示すように、内閣府は「災害から文化遺産と地域をまもる検討委員会」を設置し、翌16年7月には報告書として「地震災害から文化遺産と地域を守る対策のあり方」をまとめた。この委員会は学識経験者で構成されているが、関係省庁が事務局を務めている。報告書には、今後この問題に取り組むに際して、文化遺産と地域を併せて守ることの重要性、地域住民や文化財保持者と行政の連携、対策の手法などが述べられている。

　さらに、京都の清水寺・産寧坂周辺と東京の柴又帝釈天地域を対象としたケーススタディの結果をも示している。そして、報告書の最後に別紙が添付されており、これは「関係省庁は…」という言葉で始まることから分かるように、文化遺産の防災に関しての国としての一種の意思表示とも受け取ることが出来る。ここには、今後、関係省庁が連携して、地域防災計画における文化遺産の位置づけを強化し、各地で取り組まれるべき事業の早期実現を図る、などと記されている。

第3章　文化遺産の災害対策

図表3-12　文化遺産に関する国の委員会報告書の別紙

```
地震災害から文化遺産と地域をまもる対策のあり方
第1章　策定の背景など
第2章　地震火災から文化遺産と地域をまもる基本的な考え方
第3章　地震火災から文化遺産と地域をまもる基本的な考え方
第4章　具体的な対策手法
第5章　実現に向けた課題などについて
       ⇩
地震災害から文化遺産と地域をまもるための今後の展開について
関係省庁は‥‥以下の取り組みを今後実施してゆく。
 1．防災基本計画等における文化遺産の防災対策の位置づけの強化
 2．各地での事業の実現の支援
 3．‥‥
 4．‥‥
 5．‥‥
```

　このように、少なくとも国の関係省庁は文化遺産の防災対策の重要性を認識している。また、文化遺産の集中度の高い京都市は数年前からこの問題に関心を示し、歴史的環境を壊すことなく、防災機能を有する水利システムのあり方を探るための委員会を設けていた。一方、NPO法人「災害から文化財を守る会」はその前身の組織も含めて15年近い活動を続けているが、前述の委員会においてもケーススタディを分担している。そして、これに続く国の委嘱により、清水寺・産寧坂周辺を対象として、清水寺や地域住民の人々と協力して、具体的な防災対策の立案に当たっている。ここには行政としての京都市も協力しているが、この計画案が平成17年3月に完成した後、これが京都市の事業計画として整えて、国に提出された。このように文化遺産の防災対策の実施に際しては、文化財の保有者のみならず、地域住民にも受け入れられる具体的な計画が策定されなければならないのである。

　現在、清水寺周辺で進行しているのは、一種のパイロットプロジェクトであり、文化遺産を中心とする特定の地域での防災対策を実現するためには、同様な手法や手順が必要となるであろう。計画の策定に際しては、各種の専門的、技術的な知識を必要とするから、色々な分野の専門家やボランティアの集合体としてのNPOの果たす役割が小さくない。いずれにせよ、文化遺産を有する寺社や地域は周辺住民との合意を図りつつ、合理的で効果的な計画を作ること

が重要であり、それを実現するのに最適な方策を見出す努力を早急に始めなければならない。残された時間は多くないのである。

3　その後の展開

　NPO法人「災害から文化財を守る会」は、歴史的環境にマッチすると同時に防災機能を有する水利システムとは何であるかを模索してきた。それを見出し、実現するためには、実際の場の地勢を知るとともに、地域住民との関係を構築することが必要であるとの認識に立って、清水寺地域の住民との対話を進めてきた。

　すなわち、上記NPO，清水寺，高台寺、自治体関係者らの地域代表、京都市消防局などにより、「防災水利整備研究会」を結成して計画を練ってきた。また、各種の組織や京都市などの行政関係者も参加して、環境防災水利に関するワークショップも開催された。その後、より詳細な検討も行われたが、ここでは技術的な検討も必要であり、上記のNPOが行政行為の末端を担うという観点から、図表3-13に示されているように、国の関係省庁とも協働してきた。

　こうして得られた提案は、東山の景観を乱さないために、山中にトンネルを掘って貯水をしておき、東西は東大路と東山、南北は円山公園と大谷本廟に囲まれる地域に消火栓と散水施設を設置することである。散水施設の一例として、「ミストディフェンス」を提案しており、対象とする建物や施設を霧で包むというものである。図表3-13に示すように、こうして出来上がった具体的な案を京都市に提示し、京都市はこれを整えて、17年6月には京都市長が事業としての実現に向けて、国に対して予算化の要望をした。

　京都市の要望を受けて、政府は18年度概算要求において、提案の第1次計画の事業費を認めた。これは、文化遺産を含む地域全体を自然災害から守るための事業としては我が国で初めてのものである。この事業計画の主体は高台寺近隣の防災公園の地下に、1,500トンの貯水槽を設けることである。これに加圧式の散水・消火施設を設置して、大地震等による火災時のみならず、通常火災に際しても、操作の容易な市民消火栓などを設けようとするものである。

　そして、この建設のための工事が平成19年1月に完成した。その後、清水寺

第3章　文化遺産の災害対策

図表3-13　京都での事業推進

清水寺、産寧坂
- 地元住民
- 災害から文化財を守る会 NPO
- 京都 地方自治体
- 政府 国

文化遺産防災対策事業

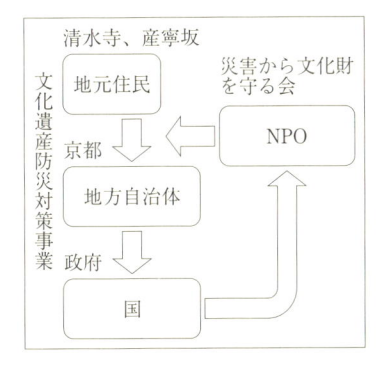

図表3-14　耐震性地下貯水槽

図表3-15　東山山麓の耐震性防災水利システム

項　目	事　業
事業年度	平成18～22
事業費	約10億円
耐震型防火水槽	高台寺公園 1,500トン 清水寺境内 1,500トン
送水ポンプ	1基
ポリエチレン配水管	2,060m
市民用消火栓	41基
消防隊用消火栓	19基

境内にも同寺の協力で同じ規模の地下貯水槽が設けられ、図表3-15に見るように清水寺から八坂神社に至る東山山麓に耐震性防災水利システムが完成した。このような文化遺産の地震災害対策としての事業は我が国では初めてのものであり、世界にも類を見るものはない。この意味においては、まだ第一歩を踏み出したところであり、東山の清水寺から八坂神社に至る間のみならず他の地域、さらには全国各地の歴史遺産を有する地域への展開が望まれる。

4　文化遺産防災学の構築

　文化財保存と防災は学問や研究の分野において、互いに関連を持たなかったが、それを最初に関連づけたのは前述のようにNPO活動であった。この活動の一環として政府に働きかけた結果が前述の内閣府による「災害から文化遺産と地域をまもる検討委員会」であり、その結果として東山山麓での文化遺産防災システムの構築であった。内閣府によるこの委員会の設定と時を同じくして、2003年には文部科学省（日本学術振興会が実施）による21世紀COE（研究拠点形成等補助金）プログラムにより、立命館大学が応募した「文化遺産を核とした歴史都市の防災研究拠点」が5カ年の研究プロジェクトとして採択された。これは文化遺産と防災に関わる問題を学問・研究の面から組織的に取り組んだ教育・研究活動としては世界でも最初のものである。

　このプロジェクトに引き続き、2008年度からも5カ年のグローバルCOE研究プロジェクト「歴史都市を守る文化遺産防災学推進拠点」が採択されている。COEプログラムは応募した課題に関する分野で、当初の計画年度内に世界に冠たる実績をあげる事が期待されている。このプログラムでは教育・研究と並んで国際活動が重視されているが、当該プロジェクトではユネスコ　チェアによる国際研修を重要なテーマにしている。これはユネスコとの連携による教育活動の1つであり、毎年4カ国から文化財の専門家と防災問題の専門家をそれぞれ募集し、約2週間にわたって文化遺産防災に関わる講義と演習を行っている。このための講師には当該プロジェクトの担当教員のほかに、海外および国内の研究者、実務者を招聘している。これまでに、すでにほぼ40名がこの研修を終了して、それぞれの国での文化財保護と防災問題を結びつけることに従事

第3章　文化遺産の災害対策

している。また、研修には日本国内のみではなく、2009年度にはネパールのカトマンズでも現地実習を実施している。こうした一連の活動は、21世紀COEやグローバルCOEでの外部評価において、海外と日本の文化財保護と防災の専門家から高く評価されている。

図表3-16　国際研修でのグループ討議

このような活動が海外の専門家から特に高い評価を受けているのは、国際的にも文化財保護と防災問題を関連づける視点がこれまでには無かったからにほかならない。2005年1月には1995年1月の阪神・淡路大震災の記念行事として、国際連合による防災問題のシンポジューム

図表3-17　文化遺産防災学

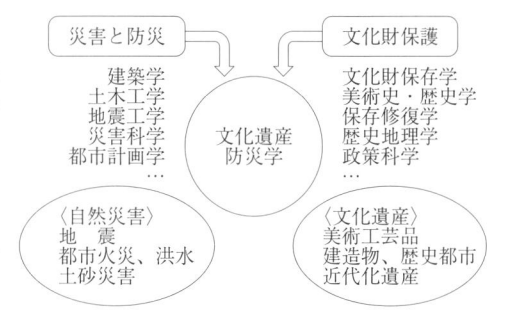

〈災害と防災〉
建築学
土木工学
地震工学
災害科学
都市計画学
…

〈文化財保護〉
文化財保存学
美術史・歴史学
保存修復学
歴史地理学
政策科学
…

文化遺産防災学

〈自然災害〉
地　震
都市火災、洪水
土砂災害

〈文化遺産〉
美術工芸品
建造物、歴史都市
近代化遺産

が神戸で行われた。このシンポジュームではユネスコ、ICCROM（文化財保存修復研究国際センター）、文化庁の提案で文化遺産防災のセッションが設けられ、立命館大学の歴史都市防災研究センターがコーディネーターを務めた。この場でもヨーロッパからの参加者が「これまでは文化財関係者と防災関係者は道路の両側を別々に歩いていたが、今日初めて目と眼が合った。これからは共に手を携えて歩こう」という趣旨の発言をした。このように、文化遺産防災の問題は、世界的にも新しくて重要な問題なのである。

文化遺産防災の問題には多分野の研究者の連携が必須であり、21世紀とグローバルの2回のCOEの教育・研究プロジェクトにおいては広い分野の研究者が関わっている。すなわち、防災に関わる土木や建築、情報学などの技術系分野、歴史や文学、地理などの人文科学系分野、都市計画や政策などに関わる社

会科学系分野などである。こうした学内の研究者のみならず他の大学や研究機関の研究者も加わって多分野の研究組織を組織して教育・研究に当たっている。教育に関してはCOEプログラムに対する国の方針が博士後期課程学生の養成に重点を置いているが、博士前期課程（修士課程）において文化遺産防災学を専攻する学生が少ないことから、現時点においては文化財保護や防災関係の分野で実務に当たっている人々が博士課程に社会人入学しており、文化遺産防災に関する研究を行って学位を取得するという方式で、この分野の人材育成を行っている。

　研究に関しては京都盆地にある地震断層の活動による震動予測をはじめとする幅広い研究が実施されているが、それらを単に大学内での研究に止まるのではなく、実際の場への適用を如何に図るかを重視して研究が行われている。国際共同研究の面においても、海外の文化遺産を災害から守るという視点で、ネパール、ペルー、韓国などの研究機関と協力して実施している。すなわち、文化遺産防災に関するCOEは文化財保護、防災、国際連携の3つをキーワードとして進められている。

4　おわりに——京都の文化遺産の危機管理と将来

　文化遺産の災害対策とは、将来起こりうる突発的な災厄から文化遺産を保全することが目的である。一方、文化財保護とは、対象物のゆっくりとした時間的な劣化からの保全が主たる目的である。このような観点からは文化財保護と防災の乖離というのは、本質的なものではなくて、地震や台風などのように突然起きる現象への対応、すなわち危機管理への対応が十分ではないのに過ぎないことになる。この意味においては文化遺産の防災問題とは、危機管理問題であるといい換えても良い。危機管理とはこれまでに経験したことのない事態が起きた時にどうすべきかを前もって考え、対応策を用意しておくことである。この意味においては、文化財の分野での危機管理がこれまでは十分ではなかったと考えるべきであろう。昨今、各地でアライグマによる文化財の被害が多発しているが、天敵のいない外来種であることから、対応策が見いだされておら

第3章　文化遺産の災害対策

ず、被害が広がる一方であるが、これも危機管理が不十分である一例であろう。図表3-15に示した東山山麓での文化遺産を対象とした防災水利システムは、文化遺産の危機管理の先鞭をつけたものと言って良く、これは将来の人々への現代人からの贈り物であろう。

図表3-18　平安遷都記念事業
（ウィキペディア）

平安遷都記念事業	
1100年	平安神宮、時代祭
1200年	京都駅、地下鉄東西線

出典：ウィキペディア

　危機管理をも含めた現時点での文化遺産の保護はどのような基本概念で行われているであろうか。文化遺産の保護という時には、毀損することなく将来へ継承することであると言われるが、現存する文化遺産を見守るだけでは目的を達することは出来ない。なぜならば、文化遺産といえども物質であるからには年月による劣化が生じるから、座して見守るだけでは必ずや毀損が生じる。木造の建造物においては長期間にわたっては損傷が生じることから数百年ごとの修復は行われてきており、古くなった部材の交換が文化遺産の真性性を損なうものではないことは文化遺産に関する世界的な合意でもある。

　一方、現存する文化遺産の保全のみではなく、将来において文化遺産になる文物を創り出すことも広い意味での文化遺産の保全の重要な課題である。現存する文化遺産はすべてが歴史上の特定の時期に同時に出来上がった物でないことは自明であり、各時代において、既存のものに新しいものが付加された結果を我々が目にしているのである。この意味においては、文化遺産の保護、すなわち毀損することなく将来へ継承するためには、現在においても質の高い文化を表す芸術作品や文化作品を創出することが是非とも必要であろう。その責務を現代の我々は十分に果たしているであろうか。

　電子版の百科事典ともいうべきウィキペディアで「平安遷都記念事業」をキーワードとして検索した結果が図表3-18である。この結果は重要なメッセージを発している。すなわち、平安遷都1200年に際しては京都駅と地下鉄東西線が造られたが、これは図表3-19によれば社会資本に分類されることになる。道路や鉄道あるいは情報通信網等は社会基盤と称されることが多いが、『広辞苑（第6版）』にも社会基盤という言葉は無く、本来は社会資本と称されるべきである。一方、今日の社会、特に京都のような都市では文化遺産は京都という社

図表3-19　社会資本と文化遺産

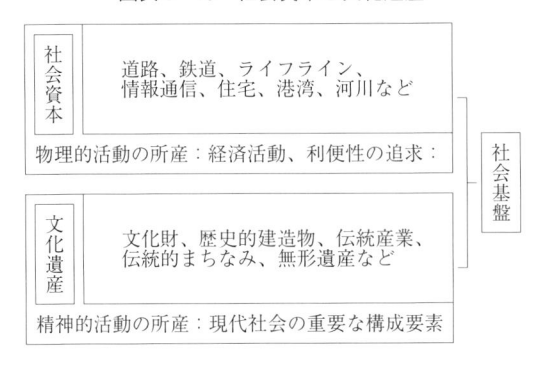

```
┌─────┬─────────────────────────────┐
│社会 │ 道路、鉄道、ライフライン、  │
│資本 │ 情報通信、住宅、港湾、河川など│
├─────┴─────────────────────────────┤  ┐
│ 物理的活動の所産：経済活動、利便性の追求： │  │
├─────┬─────────────────────────────┤  │社会
│文化 │ 文化財、歴史的建造物、伝統産業、│  │基盤
│遺産 │ 伝統的まちなみ、無形遺産など │  │
├─────┴─────────────────────────────┤  │
│ 精神的活動の所産：現代社会の重要な構成要素 │  ┘
└───────────────────────────────────┘
```

会を構成する重要な要素であるから、これを抜きにしては京都の社会は成り立ち得ない。そこで、社会資本と文化遺産を併せて社会基盤と称してはどうかというのが筆者の年来の提案である。したがって、ウイキィペディアによれば、平安遷都1200年記念事業として行われたのは、いずれも経済活動に関連した物質的活動の所産のみである。

一方、平安遷都1100年の記念事業で創建された平安神宮は歴史的建造物であり、時代祭は無形遺産であるから、いずれも精神的活動の所産であることになる。つまり、ウイキィペディアは、1100年祭に際しては精神活動に関わる事業が展開されたが、100年後の1200年祭には物質的活動だけが行われたことを示唆している。1100年祭の頃に物質的活動をするだけの技術基盤が無かったのではない。すなわち、同じ頃に琵琶湖疎水が開削されて、この運河の水を使って日本で最初の水力発電が行われて、さらに市内電車が走ったのである。僅か百年で京都の人々の精神構造はそれほどに変わったのであろうか。1100年祭に際しては、既存の多くの有形の文化遺産群に対して、有形の文化遺産としての平安神宮を付け加えたのである。時代祭は無形の文化遺産であり、これは現在では葵祭、祇園祭りとともに京都の三大祭りに数えられている。要するに、1100年祭に際しては文化遺産が加えられて、現在の京都はその恩恵に浴しているのである。しかるに、1200年祭の記念事業は後世の人々にも利便性の観点からは貢献しているだろうが、文化遺産に関わる事業は行われなかったのである。これは、現在の京都は先人から文化遺産を受け取りながら、将来の人々に文化遺産を遺そうとしていないことを意味している。

こうした現状、すなわち先人から多くの恩恵を受けているにもかかわらず、文化遺産の将来への展望が開けていない現状に鑑み、このような状況を打開し

て後世のために今なすべきことを始めるとともに、将来において文化財たりうる文物を創出するための活動を行う場として、「明日の京都：文化遺産プラットフォーム」が2010年10月に発足した。この会は京都の行政、大学、宗教界、社会奉仕団体、商工会議所などの関係諸団体が協力して組織された。この会は文化遺産を大切に思い、将来に対して何かをなす

図表3‐20　明日の京都プラットフォームの部会

| 京都の世界遺産：今日と明日 |
| フォーラム・ユネスコ：研究者の役割 |
| 社会との連携・社会への貢献 |
| 無形遺産と伝統産業：今日と明日 |
| 文化遺産の危機管理 |
| 明日の主役：若人の役割 |

べきであると考える人であれば、誰でもが自由に入会・退会が可能な場として、プラットフォームと命名された。この会の会長には世界遺産の主宰組織であるユネスコの前事務局長であり、世界無形遺産保護条約を策定した松浦晃一郎氏が就いている。

　この会には発足時には6つの部会が設けられていて、それぞれの目標に向かって活動を開始しているが、それらの部会名は図表3-20のとおりである。第1の部会は京都の世界遺産の問題点と将来のあるべき姿を論じるとともに、必要な事業や施策を行うものである。第2の部会は文化遺産の保全と保存に関して、研究者からの自由な発想を期待して設けられた。社会との連携と貢献に関する第3の部会ならびに無形遺産と伝統産業に関わる第4の部会では、地域社会と文化遺産の関係や日常の生活や活動の中に根付いている文化遺産の諸問題を扱う。文化遺産の危機管理に関する第5の部会は、阪神・淡路大震災以後に始まった文化遺産防災の活動をさらに進展させることが目的である。このプラットフォームは京都の文化遺産の30年、50年先が活動の対象であるから、文化遺産の将来を自分のものとして考える世代の人々の意見が重要であるとの観点から設けられたのが、若人の役割の第6の部会である。

　要するに、このプラットフォームの基本理念は「千年前に思いを馳せ、百年後に思いを巡らせて、日々のくらしと活動の中で、京都の歴史の重さを感じ、それをかけがえのないものとして捉えるこえること」である。

第Ⅱ部　世界遺産を学ぶ

参考文献

国土文化研究所編、NPO災害から文化財を守る会監修『日本の心と文化財——災害から守り、未来へつなぐ』アドスリー出版、2005年

立命館大学文化遺産防災学「ことはじめ」篇出版委員会『文化遺産防災学』アドスリー出版、2008年

土岐憲三『地震がくれば京都は燃える——文化遺産を守ろう』(CD-ROM) アドスリー出版、2010年

第4章
世界遺産保全と観光振興による地域づくり

峯俊　智穂

1　はじめに

　日本は現在「観光立国」を掲げており、「住んでよし、訪れてよしの国づくり」に取り組んでいる。2007年には観光立国推進基本法の施行と、それに基づいて「観光立国推進基本計画」が策定され、①訪日外国人旅行者数の増加、②日本人の海外旅行者数の増加、③国内における観光旅行消費額の増加、④日本人の国内旅行による1人あたりの宿泊数の増加、⑤日本における国際会議数の増加、といった5つの目標が掲げられた。また、2008年10月には国土交通省に観光庁が新設された。このような観光振興の動きは世界的にも多くみられ、観光は外貨獲得や雇用創出などのための重要な手段・施策として位置づけられている。
　また、近年の観光形態をみるとエコツアー、ヘルスツアー、グリーンツアー、メディカルツアー、ヘリテージツアーなど多様化しており、その対象も自然、農林漁業、建物など様々である。このうち、世界遺産を対象とした観光といった場合、どのような印象があるだろうか。例えば、地域は地域の資産が世界遺産となることでブランド化し、観光者増加の誘因となって経済的効果が生じる。そして、観光者が増加すると、世界遺産や地域へ悪影響が生じる。一般的にはこのような印象があるのではないだろうか。
　現在、日本では世界遺産一覧表に14件と暫定遺産一覧表に14件が記載されているが、各地では世界遺産一覧表記載（図表1-4参照、本章37頁）へ向けた動きが多くみられる。これらの動きの多くに共通する特徴として、一覧表へ記載されることで生じる観光者数増加に拠る経済的効果が期待されていることがあげ

られる。これだけを取り上げると、世界遺産とは地域にとって「金のなる木」であり、経済的発展の手段として期待されているようにもみえる。

そこで本章では、観光が世界遺産保全へ果たすことができる役割を考える。事例には2004年に世界遺産一覧表に記載された「紀伊山地の霊場と参詣道」を取り上げ、とりわけ和歌山県田辺市本宮町における世界遺産保全の取り組みと観光関連の取り組み内容を概観し、その特徴や課題などを整理することから試みる。

2　世界遺産の現状

1　観光入域者数の増加

「はじめに」でも言及したが、地域の資産が一覧表へ記載されたことによる影響として顕著なものに、観光者数の増加がある。この事実を確認するために、参考として日本の世界遺産地域である岐阜県白川村と和歌山県田辺市・熊野本宮温泉郷における観光入域者数の推移をみてみる。

2つの地域（図表4-1と図表4-2）をみると、一覧表記載後に観光入域者数が増加していることがわかる。

2　観光者増加による影響とユネスコ「持続可能な観光計画」

地域の資産の一覧表記載によって観光者が増加することで、地域では様ざまな影響がみられる。ここでは主なプラス／マイナス効果を紹介し、続いてユネスコ（UNESCO、国際連合教育科学文化機関）の観光に関する施策から、世界遺産保全と観光との両立に関する考え方をみてみる。

(1) **観光による影響**　　まず地域へのプラス効果として、観光者の増加によって地域が賑わう、地域の知名度が上昇することで地域住民に「誇り」が生じる、地域住民の世界遺産保全への意識が生じる、地域アイデンティティが高揚する、そして地域住民の地域づくりのへの参画の機会が生じる、などがある。

これらのうち、地域住民の地域づくりへの参画の具体例として、京都府宇治市の宇治観光ボランティアガイドクラブの設立をあげることができる。1994年

第4章　世界遺産保全と観光振興による地域づくり

図表4-1　岐阜県白川村：「白川郷・五箇山の合掌造り集落（1995年記載）」

（千人）

年	人数
1989年	660
1990年	668
1991年	684
1992年	686
1993年	555
1994年	671
1995年	771 (世界遺産一覧表記載)
1996年	1,019
1997年	1,070
1998年	1,047
1999年	1,060
2000年	1,230
2001年	1,423
2002年	1,545
2003年	1,559
2004年	1,448
2005年	1,437
2006年	1,466
2007年	1,464
2008年	1,861
2009年	1,731

出典：岐阜県白川村 web site「観光統計」頁をもとに著者作成。

図表4-2　和歌山県田辺市・熊野本宮温泉郷：「紀伊山地の霊場と参詣道（2004年記載）」

（千人）

年	人数
1995年	500
1996年	529
1997年	524
1998年	529
1999年	625
2000年	602
2001年	594
2002年	593
2003年	602
2004年	1,151 (世界遺産一覧表記載)
2005年	1,500
2006年	1,293
2007年	1,335
2008年	1,402
2009年	1,384

出典：和歌山県商工観光労働部観光局「観光客動態調査報告書」2009年をもとに著者作成。

12月に「古都京都の文化財」が一覧表に記載され、これを構成する文化遺産には宇治市に所在する宇治上神社と平等院が含まれた。その後、宇治市では観光者数が増加したことに伴い、市議会において観光事業実施の協力・発展の寄与、生涯学習の研鑽、そして会員相互の親睦などを目的として宇治観光ボランティアガイドクラブの設立が提案・決定された。そして、1998年8月には主に宇治市住民を対象として会員募集が行われ、同年11月に養成講座が実施され、1999年3月に設立総会が開催されガイドが実施されることとなった。このように地域住民の生涯学習やコミュニティ構築のきっかけ作りとなる効果がみられる。

次に地域へのマイナス効果として、例えばゴミ捨て、マイカーの乗り入れによる車の混雑、騒音、地域住民のプライバシーの侵害、し尿問題、落書き、などがあげられる。ユネスコ元事務局長の松浦晃一郎氏は著書のなかで世界遺産に対する「7つの脅威」を提示し、その1つに「観光事業の増加」をあげている［松浦2008：241-244］。とりわけ、観光者による世界遺産の破壊に繋がる行為を取り上げ、具体例として日本人がチリ共和国のラパ・ヌイ国立公園（イースター島）を訪ねた際にモアイ像へ自分の住所と名前を彫ったことに言及している。

松浦氏が取り上げた事例の他にも、世界遺産への落書きや破壊行為は多い。例えば、2008年にはイタリア共和国フィレツエにある「サンタ・マリア・デル・フィオーレ聖堂」の壁に日本人大学生が落書きをしたとして問題となった。また、2009年には兵庫県姫路市にある「姫路城」で多数の落書きがみつかったことによって、一部の部屋への入室禁止や監視強化が図られている。ただし、このような例は日本に、また日本人に限ったことではなく、観光者による世界遺産への悪影響は他の締約国でも生じている。

(2) ユネスコ「持続可能な観光計画」：7つのガイドライン　観光が世界遺産へ与える影響について、ユネスコでは2001年に開催した世界遺産委員会において認識しており、「持続可能な観光計画」を作成している。この目的は、世界遺産の価値を損なうことなく観光と世界遺産保全を両立させるために、世界遺産委員会や遺産保有国の管理担当者をサポートしていくことにあった。この計画は7つのガイドラインが定められており、これに基づいていくつかのプ

ロジェクトが遂行されている。7つのガイドラインの項目は次のとおりである[2]。

1) 観光に対処できるだけの管理能力をつける
2) 遺産地域の人びとが観光業界に参加し、メリットを享受する
3) 世界遺産周辺地域の商品を市場に出す手助けをする
4) 保護教育を通じて世界遺産に対する誇りを喚起する
5) 観光収益を、これまで不十分だった遺産の保存・保護費用に充てる
6) ほかの世界遺産や保護地域での経済を共有する
7) 世界遺産保護について観光業界関係者の意識を高める

ガイドラインの内容をみると、世界遺産地域において遺産管理を行っていくにあたり地域での連携のあり方が問われており、とりわけ観光事業の世界遺産保全への関わり方が鍵とされていることがわかる。

3　「観光」とは何か

本章では世界遺産保全と観光との関わり方について取り上げているが、そもそも「観光」とはどのような意味があり、世界遺産や地域にとってどのような役割を果たすことができるのであろうか。ここでは、まず「観光」の定義とそれに関する議論を概観し、次に観光関連の主な制度や施策のなかで「観光」が担わされている役割について整理する。

1　「観光」の定義

まず「観光」の定義についてみてみる。「観光」という言葉の語源について、日本で出版されている観光学関連の本をみると、そのほとんどが中国の五経の1つ『易経』にある「觀國之光、利用賓于王」に由来すると紹介している。しかし統一したものはなく、著書や論文によって異なり、多様となっている。この「観光」概念が定まっていないことについて論じているものがあるので、いくつか紹介する。

> これが観光のまなざしだというようなものがあるわけではない。社会によっても社会集団によっても時代によっても多様なものである。こういうまなざしは差異から形

成されていく。ただ、このことから、すべての時代のあらゆるツーリストに真実であるような普遍的経験は存在しないということをたんに言いたいのではない。むしろどんな時代のまなざしもその反対概念との関係性から、つまり社会体験とか社会意識の非観光的形態との関係性から構成されていくのだということである。観光のまなざし一つ一つは何と対照しているかによって決まる。非観光体験の形態がどんな形をしているかの偶然で決まる。したがってまなざしは社会的行為や社会的記号のシステムを前提にするわけである。[John Urry 1976（加太 1995：2-3）]。

　"観光"は観光論の研究対象であり、そこで、観光研究においてその概念の定義は重要な課題となる。"観光"の定義とは、その概念の"内包"（intension）と"外延"（extension）を確定する作業であり、どこまで"内容の広がり"があるのかを規定する作業である。

　ただし、厳密な定義をはじめに提示するのは、不必要であるし、無意味でもある。なぜなら、研究対象としての"観光"の定義は、観光研究を通じて、はじめて規定されるべき課題だからである［安村 2001：13］。

　何が観光でないか（たとえば、観光は営利を目的としない、など）を指摘するよりもむしろ、積極的な内容を定義に与える方が観光のためになるだろう。それは私が1964年以来主張していることで、1982年の著作（3版）でも繰り返したところである。（中略）。この30年来提出されたどんな定義も全般的なコンセンサスを得ることができなかった。しかしそのことを驚くべきではない［Marc Boyer（広沢 2006：13）］。

　「言葉」というものが特別の器官により実現されるものではなく、唇、舌、鼻腔、咽頭、肺等別の目的を持った様々な器官を使って実現されるように、観光も文化、歴史、環境、自然、娯楽等の様々な概念を使って説明されるものとなっている。このことからも、観光法制度を観光概念単独で規範性のあるものとして構築することは困難であるという結論を導くこととなった［寺前 2007：309］。

　上記の議論は管見の限りで選らんだものであるが、整理すると、「観光」概念とは相対的なものであり、その意味を捉えようとする者の視点や対象とするものが何かによって絶えず変化すると提示できる。

2　観光の役割

　次に、観光関連の主な制度や施策を取り上げ、それらの中で「観光」が担わされている役割を整理してみる。

（1）**観光基本法（1963年制定）**　　日本では、1960年代に入ると国民所得倍増計画（1960年）の提唱や東京オリンピックの開催（1964年）など、経済成長へ

向けた動きが著しくなった。その中で、観光振興による外貨獲得をはじめとした経済効果が注目され、観光の課題の明確化や解決へ向けた政策の提示・実施のために必要な制度の整備などを目的とする法として観光基本法が制定された。この法律の第1条（目的）の中で、観光の役割がいくつかあげられている。

(2) **国際連合「国際観光年」（1967年）**　第二次世界大戦終了後、1960年代はジェット旅客機が就航したことによって国際観光が盛んとなった。そして、大量の観光者が観光地へ移動可能となったことで「マス・ツーリズム」時代へ突入した。国際連合は、国際観光は重要な「見えざる輸出（invisible export）」として加盟国に促し、とりわけ途上国の経済成長にとって不可欠であると考えた。また、観光は経済的効果に限らず、国家が互いの文化的資産や固有の文化の価値を知るといった国家間の相互理解を促進するとして、国際連合は1967年を「国際観光年」と定めた。このとき掲げられたスローガンは「観光は平和へのパスポート（Tourism, Passport to Peace）」である。

(3) **国際連合世界観光機関（UNWTO）**　国際連合の中に、観光を専門する機関として国際連合世界観光機関（以下、UNWTO）がある。沿革を紹介すると、1925年にオランダ王国・ハーグにおいて観光の分野における国際協力を促進することを目的として非政府機関の公的旅行機関国際連盟（以下、IUOTO）が設立された。その後、国際観光の急速な発展や途上国からの援助要請への対応などを背景として、1970年に開催されたIUOTO臨時総会において世界観光機関憲章が採択され、1975年から世界観光機関（WTO）が発足した。そして、2003年にWTO総会と国際連合総会を経て、国際連合の専門機関としてUNWTOが発足した。

このUNWTOは目的として、観光の振興・発展により、①国際間の理解に寄与、②平和と繁栄に関する寄与、③性、言語又は宗教による差別なく、すべての者のために人権および基本的自由を普遍的に尊重し遵守することに寄与、などを掲げている。

(4) **観光立国推進基本法（2007年施行）**　1963年の観光基本法が全面改正され、観光立国推進基本法が制定された。その前文には次のように記されている。

第Ⅱ部　世界遺産を学ぶ

　観光基本法（昭和38年法律第107号）の全部を改正する。観光は、国際平和と国民生活の安定を象徴するものであって、その持続的な発展は、恒久の平和と国際社会の相互理解の増進を念願し、健康で文化的な生活を享受しようとする我らの理想とするところである。また、観光は、地域経済の活性化、雇用の機会の増大等国民経済のあらゆる領域にわたりその発展に寄与するとともに、健康の増進、潤いのある豊かな生活環境の創造等を通じて国民生活の安定向上に貢献するものであることに加え、国際相互理解を増進するものである（下線強調は著者による）。

　以上の観光関連機関や観光関連制度の目的をみると、観光に期待されている役割とは、①国際平和、②経済の発展、③雇用機会の増大、④国民生活の向上、⑤相互理解、などであることがわかる。これらをみると、経済的な役割だけでなく、「相互理解」や「平和」への役割も期待されていることがわかる。ここで、世界遺産条約を採択したユネスコの憲章前文の一部をとりあげてみる。

　　戦争は人の心の中で生まれるものであるから、人の心の中に平和のとりでを築かなければならない。相互の風習と生活を知らないことは、人類の歴史を通じて世界の諸人民の間に疑惑と不信をおこした共通の原因であり、この疑惑と不信のために、諸人民の不一致があまりにもしばしば戦争となった。ここに終りを告げた恐るべき大戦争は、人間の尊厳・平等・相互の尊重という民主主義の原理を否認し、これらの原理の代わりに、無知と偏見を通じて人間と人種の不平等という教義をひろめることによって可能にされた戦争であった。文化の広い普及と正義・自由・平和のための人類の教育とは、人間の尊厳に欠くことのできないものであり、且つすべての国民が相互の援助及び相互の関心の精神をもって果さなければならない神聖な義務である。政府の政治的及び経済的取極のみに基づく平和は、世界の諸人民の、一致した、しかも永続する誠実な支持を確保できる平和ではない。よって平和は、失われないためには、人類の知的及び精神的連帯の上に築かなければならない（下線強調は著者による）。

　これはユネスコの理念が掲げられているものであり、戦争とは相互の風習と生活とを知らないことに因る無知や偏見から生じるため、知的・精神的連帯によって平和を築く必要性が唱えられている。ここで、上記で整理した観光に期待されている役割と照らし合わせてみると、相互理解や平和構築といった点で大きな繋がりがみえてくる。そのため、「世界遺産を対象とした観光とは、人と人とがお互いを知り、そして人と人との繋がりを生み出す役割を担う」と提示することができるだろう。

4 観光形態の変遷と文化的景観

　前節では「観光」の定義から世界遺産を対象とした観光の役割を考えたが、本節では歴史的流れの中での観光形態の変遷をたどり、世界遺産保全との関連性をみてみる。

　まず、世界的な動きを概観する。第2次世界大戦後、経済成長へ向けた工業化や開発が盛んとなり、それらに起因する環境破壊や公害問題が生じた。ユネスコにおいて世界遺産条約が採択された1972年は、国際連合人間環境会議（ストックホルム会議）が開催され、国際的なレヴェルでの環境問題への取り組みが強調された年でもある。このストックホルム会議は、自然遺産と文化遺産の両者を1つの条約の中で保護しようとする特徴をもつ世界遺産条約が採択される契機となった。同年には国際連合環境計画（UNEP）が創設され、1980年にはUNEP・国際自然保護連合（IUCN）・世界野生生物基金（WWF）が「世界環境保全戦略」の中で「持続可能な開発（sustainable development）」を提唱した。この流れの中で、観光分野においても「持続可能な観光（sustainable tourism）」を実現しようとする動きが出てきた。世界遺産に関しては1980年代より様々な不均衡問題が生じており、これらを改善するために1993年には文化遺産に人間と自然との共同作品としての「文化的景観（cultural landscapes）」概念が導入された。また、2005年からは文化遺産と自然遺産の基準が統合された。以上のように、自然環境保全と人の生活との関わり方が問われる時代の流れの中で世界遺産概念は広がりをみせている。

　次に日本における動きを概観する。1960年〜1970年代は高度経済成長期にあり、大規模開発の中で森林や古い建物が壊され、公害問題が生じた時期でもあった。例えば、1964年の東京オリンピック開催へ向けて高速道路の建設、羽田国際空港の拡張、新幹線の営業が開始された。また、1970年には大阪において「人類の進歩と調和」をテーマとした万国博覧会が開催され、高度経済成長の象徴となった。その一方で、1967年には新潟県での第2水俣病や四日市での喘息、1968年には富山県でのイタイイタイ病の訴訟が起き、公害問題が深刻化し

ていた。そして、これらの公害問題を背景として1970年に公害対策基本法が施行された。また、高度経済成長は住宅地開発や離農山村を生じさせ、それまでの居住環境が激変していった。このような状況のなか、全国的に町並み保存の動きが起こり、1975年の文化財保護法改正では「文化財」の中に「伝統的建造物群」が新設された。この特徴は「周囲の環境と一体をなして歴史的風致を形成している伝統的な建造物群で価値の高いもの（文化財保護法第2条）」を保護することにある。また、2004年の改正では、景観法の制定と関連して「文化的景観」が新設された。

　日本における観光関連の動きを見ると、世界的に「持続可能な開発」が問われる中で内発的開発論が展開され、持続可能な観光を実現するために地域住民が主体となって地域の資源を活かす自律的観光の創出が求められるようになった。現在、観光研究では「観光まちづくり」の考え方が展開し、実践では各地でエコツアーや着地型観光などが活発化している。観光対象をみると、例えば2008年に施行されたエコツーリズム推進法では、「自然観光資源」として動植物の生息地・生育地に限らず、自然環境と関わる地域住民の風俗習慣や伝統的な生活文化も含まれている。これは世界遺産条約や文化財保護法における「文化的景観」や「伝統的建造物群」の考え方と繋がるところが大きい。そのため、持続可能な観光の実践を考えることは、観光が世界遺産保全へ果たす役割を探る手がかりになるとも考えられる。

5　取り組み事例——紀伊山地の霊場と参詣道

　本節では、観光の世界遺産保全への役割を考えるにあたり、ここでは、事例として2004年に日本で初めて「文化的景観」が評価されて一覧表に記載された「紀伊山地の霊場と参詣道」を取り上げる。その際、この世界遺産は和歌山県・奈良県・三重県にまたがる広範囲となっているため、申請の際に中心となって動いた和歌山県に着目することとし、とりわけ熊野本宮大社が所在する田辺市本宮町における世界遺産保全と観光事業との関わり方や取り組み内容をみていく。

第4章　世界遺産保全と観光振興による地域づくり

1　「紀伊山地の霊場と参詣道」について

(1)　「紀伊山地の霊場と参詣道」の特徴　　「紀伊山地の霊場と参詣道」は、紀伊山地に形成された3つの山岳霊場「吉野・大峯(おおみね)」「熊野三山」「高野山」とそれらを結ぶ「参詣道」で構成されている。この3つの山岳霊場は、①日本古来の自然崇拝に基づく神道、②大陸から伝わって日本で独自に発展した仏教、③神道と仏教が混淆して形成された神仏習合および道教、が交わって形成されたものであり、数多くの建造物や遺跡が周囲の自然と一体化した文化的景観を構成している。

(2)　「紀伊山地の霊場と参詣道」の概要　　3つの山岳霊場と参詣道のそれぞれの文化的資産と概要は次のとおりである[3]。

①霊場「吉野・大峯」：吉野山、吉野水分(みくまり)神社、金峯(きんぷせん)神社、金峯山寺(きんぷせんじ)、吉水(よしみず)神社、大峰神社

　紀伊山地の、そして3つの霊場の中でも最北部に位置する。この霊場は農耕に不可欠の水を支配し、金などの鉱物資源を産出する山として崇められていた。「金峯山」を中心とする「吉野」地域と、その南に連続する山岳修行の場である「大峯」地域から成る。修験道の中心地として発展し、10世紀の中頃には日本第一の霊山として中国にも知られた。また、日本各地から多くの修験者が訪れるようになり、全国各地には「吉野・大峯」をモデルとして山岳霊場が形成された。

②霊場「熊野三山」：熊野本宮大社、熊野速玉(はやたま)神社、熊野那智大社、青岸渡寺(せいがんとじ)、那智大滝、那智原始林、補陀洛山寺(ふだらくさんじ)

　紀伊山地の南東部に位置し、熊野本宮大社・熊野速玉神社・熊野那智大社の3つの神社（熊野三山）と、青岸渡寺・補陀落山寺の2つの寺院から成る。3つの神社はもともと個別に自然崇拝の起源をもっていたと考えられているが、10世紀後半に仏教の影響を受けて互いに他の2社の主祭神を崇拝するようになった。熊野三山への参詣は、11世紀に皇族および貴族の一行が修験道の行者に導かれて盛んに行うようになり、15世紀後半には庶民が中心となり、16世紀以降は「熊野比丘尼(びくに)」と呼ばれる女性布教者の活動によって活況し「蟻(あり)の熊野詣」と呼ばれるほどとなった。また、熊野三山の社殿は独特の形式をもち、全

111

国各地に勧請された約3,000カ所以上の熊野神社における社殿の規範となった。

③霊場「高野山」：丹生都比売神社、金剛峯寺、慈尊院、丹生官省符神社

「吉野・大峯」の南西に位置し、空海が唐からもたらした真言密教の山岳修行道場として816年に創建された「金剛峰寺」を中心とする霊場である。

④参詣道：大峯奥駈道、熊野参詣道（大辺路、中辺路、小辺路、伊勢路、高野山町石道）

上記3つの霊場に対する信仰が盛んになるにつれて修行者や参詣者が増加し、「大峯奥駈道」「熊野参詣道」「高野山町石道」と呼ばれる3種類の参詣道が整えられた。参詣に際しては、口にする食物や行為を自ら制限し、心身を清浄に保つことが求められた。これらの参詣道は、人々が下界から神仏の宿る浄域に近づくための修行の場に他ならず、他の地域における一般の街道とは性質を異にしていた。

(3) **世界遺産一覧表記載へ至る経緯**　日本では「紀伊山地の霊場と参詣道」の他に文化的景観が評価された世界遺産として「石見銀山遺跡とその文化的景観（島根県）」があるが、2001年の暫定遺産一覧表記載から2007年の一覧表記載に至るまでに約6年を要したという経緯がある。また暫定一覧表記載の「平泉（岩手県）」と「国立西洋美術館（東京都）」は一度日本から世界遺産委員会へ推薦されたものの、国際遺跡記念物会議（以下、ICOMOS）の審査によって「記載延期」と決定されている。そのため、文化的景観が評価されることは容易ではないことが窺える。

そこで図表4-3に、「紀伊山地の霊場と参詣道」が一覧表へ記載されるまでの経緯をまとめた。この表をみると、2000年に世界遺産登録推進室が設置され、翌年には暫定一覧表に記載され、2004年に一覧表へ記載されているといった約4年という速さであったことがわかる。

(4) **適合された登録基準**　比較的速い工程で世界遺産一覧表へ記載された「紀伊山地の霊場と参詣道」であるが、審査の段階で問題となったことはないのか、または適合であると判断された基準は何であるのか。ここで確認してみる。

2003年1月に日本がユネスコ世界遺産センターへ推薦書を提出したのち、同

第4章　世界遺産保全と観光振興による地域づくり

図表4-3　世界遺産一覧表記載への経緯

2000年4月	世界遺産登録推進室を設置。
6月	和歌山県、関係市町村の連携した活動を推進するために「和歌山県世界遺産登録推進協議会」を設立。 各行政分野の総合的な取り組みを図るため、県庁内に「和歌山県世界遺産登録推進本部」を設置。 関係地域における活発な推進活動を核として「和歌山県世界遺産登録推進高野地域協議会」および「和歌山県世界遺産登録推進熊野地域協議会」が発足。
11月	文化庁、国の世界遺産暫定リストに「紀伊山地の霊場と参詣道」の記載決定。
2001年4月	ユネスコ世界遺産暫定一覧表に「紀伊山地の霊場と参詣道」が記載。
5月	和歌山県、三重県、奈良県による「世界遺産登録推進三県協議会」が発足。
9月	和歌山県、文化庁およびユネスコ世界遺産センターの共催により、和歌山県内にて「アジア・太平洋地域における信仰の山の文化的景観に関する専門家会議（信仰の山会議）」を開催。
2002年5月	本宮町で開催された世界遺産登録推進三県協議会において「紀伊山地の霊場と参詣道」の世界遺産一覧表記載の目標を2004年6月とすることを確認。 「世界遺産登録推進大辺路地域協議会」が発足。
10月	国の文化審議会が「紀伊山地の霊場と参詣道」を世界遺産として推薦することを了承。
2003年1月	国からユネスコ世界遺産センターへ推薦書送付（ユネスコ受理27日）。 「和歌山県世界遺産推進本部」設置（「和歌山県世界遺産登録推進本部を改組」）。
10月	国際遺跡記念物会議（ICOMOS）による現地調査（11日〜19日）。
2004年6月	第28回世界遺産委員会開催（中国・蘇州28〜7月7日）
7月	「紀伊山地の霊場と参詣道」世界遺産一覧表記載決定（1日）。 世界遺産一覧表記載記念式典開催（和歌山県世界遺産登録推進協議会主催）（2日）。 正式記載（7日）。

出典：和歌山県世界遺産センター web site「世界遺産登録へのあゆみ」頁をもとに著者作成。

年10月にICOMOSが現地調査を行っている。この調査の結果、ICOMOSは「紀伊山地の霊場と参詣道」を一覧表へ記載する条件として「勧告」を出した。その内容をみると、推薦資産の全体が森林山岳景観によって支えられていることから、①保存管理と②真正性・完全性の2点について指摘があった。第1に保存管理とは、推薦資産は広範囲に及んでいるため、森林管理の観点から推薦

第Ⅱ部　世界遺産を学ぶ

熊野参詣道・発心門王子付近
（写真提供：著者）

地域が持続可能な状態にあるのかについてであった。第2に真正性・完全性とは、参詣道周辺の自然的側面としての精神的・文化的価値に関するものであり、通信線・電話線の地下埋設や不適切な来訪者に対する準備の検討などについてであった。

次の表は、ICOMOSによる勧告を条件として2004年に「紀伊山地の霊場と参詣道」に適合された基準の一覧・内容である。2004年当時の文化遺産の6つの基準のうち、(ⅱ)(ⅲ)(ⅳ)(ⅵ)が適合であると判断されている。この表をみると、(ⅱ)(ⅲ)(ⅳ)の評価のように史跡名勝天然記念物と重要文化財の保存・管理だけでなく、(ⅵ)にみられるように、①現在でも継続している参詣や運搬の道としての機能、②天然林や人工林などの森林、③信仰やそれを基盤とする生活・生業、などが総合的に評価されていることがわかる。

(5)　保全の課題　　ICOMOSによる勧告を受けて、2005年に『世界遺産「紀伊山地の霊場と参詣道」三県連絡協議会』が設置され、文化庁指導のもとで『世界遺産「紀伊山地の霊場と参詣道」に関する包括的な保存管理計画（以下、保存管理計画）』が策定されている。この内容をみると、文化的景観の対象地域を含めた包括的な管理・運営など、保全に関して何が課題であるかがわかる。

保存管理計画の「第5章　整備と活用」では、構成資産を確実に保存管理するために、地域住民と参詣者や来訪者に対して、構成資産の本質的価値と保存管理の必要性について十分な情報提供が行える適切な整備活用の施策が必要であると言及されている。また、基本方針では整備活用計画策定の際に7点を踏

(ⅱ)	紀伊山地の文化的景観を構成する記念物と遺跡は、東アジアにおける宗教文化の交流と発展の結果生まれた他に類例をみない顕著な事例群である。
(ⅲ)	構成する社寺の境内と参詣道及びその沿線の遺跡群は、1000年以上にわたる日本の宗教文化の発展を示すぐいまれな証拠であり、今は失われた伝統と現在においてもなお継承されている伝統との複合のあり方を示す稀な事例である。
(ⅳ)	構成する多くの寺院建築及び神社建築は、木造宗教建築の代表例であり、その歴史上、芸術上の建築価値は極めて高い。特に、日本の多くの地域における神社や寺院の建築に深遠なる影響を与えた独特の形式を生み出す背景となった点で貴重である。
(ⅵ)	このような神聖性の高い自然物又は自然の地域とその環境をなす人工林の地域及びそこにおいて継続的に行われている宗教儀礼や祝祭などは、信仰の山の文化的景観を構成する有形無形の諸要素として優秀かつ多様であり、日本を含む東アジア地域における同種資産の中でも模範例として顕著な価値を有するものである。

まえることが必要であると示されており、このなかに「⑦適切な観光資源としての利活用の誘導に努めること」が含まれている。これは世界遺産の「観光資源」としての機能に注目されているが、経済的側面からの利活用対策ではなく、観光による過度な圧力が生じないための対策である。

　しかし、世界遺産保全にあたって、経済的効果を生み出す観光資源としての機能を全否定できない。一覧表へ記載されたすべての物件について、国やユネスコ・世界遺産委員会から保全措置に係る特別な補助金が交付されるわけではなく、通常の文化財保護経費によって賄うこととなる。そのため都道府県にとっては負担が大きい。つまり、一覧表記載後は適切な保全義務が発生するが、そのための資金は各地域自身で賄わなければならない。その役割を果たすものとして、観光での誘客による経済的効果がある。この点をみると、観光とは「世界遺産を保全するための経済的手段」であると言える。

　(6)　**和歌山県の取り組み——世界遺産条例の制定**　「紀伊山地の霊場と参詣道」が世界遺産一覧表へ記載された後、和歌山県では世界遺産センターの開設（2005年4月1日）、熊野古道のトイレ整備、周辺道路の景観整備事業、そして世界遺産条例（2005年3月25日公布、同年7月7日施行）の制定などを展開した。なかでも、「世界遺産条例」という世界遺産の保全・活用に関する県条例の制定は日本で初めての試みであった。この条例制定の背景には、広範囲にわたる

文化的景観を保全するためには文化財保護法などの従来の法令だけでは対処できないことや、世界遺産の適切な活用と将来の世代へ良好な状態で引き継ぎたいといった理由がある。本条例の内容は、前文と10条の条文で構成されている。このうち、以下において「役割」に関する条文を紹介する。

(県の役割)
第5条　県は、第3条に規定する理念(以下、「基本理念」といいます。)を十分に踏まえ、世界遺産を保存し、及び適切に活用するための基本的な計画を定めます。
2　県は、世界遺産の所在する地域を十分に把握しながら、前項の計画に基づき適切な施策を積極的に実施します。
3　前項の施策を実施する場合において、県は、国、他の地方公共団体その他関係機関と密接な連携及び調整を図ります。
(県民等の役割)
第6条　県民および事業者は、基本理念を十分に踏まえ、それぞれ自らの世界遺産という思いを持ちながら、世界遺産を率先して保存し、及び適切に活用するように努めるものとします。
2　県民等は、世界遺産を訪れる場合は、ルールを守るとともに、世界遺産の魅力と価値を多くの人々に伝えるよう努めるものとします。

この2つの条文から、特徴として2点あげられる。第1に、本条例の対象者には和歌山県民だけでなく、事業者と和歌山県への来訪者(観光者)も含まれていることである。第2に、事業者には基本理念を十分に踏まえ、率先して世界遺産を保全することが、そして事業者と来訪者は世界遺産を訪ねる場合のルール順守と世界遺産の魅力と価値を伝える、といった役割を課していることである。

2　和歌山県田辺市本宮町における取り組み
(1)　和歌山県田辺市本宮町の概要　　それでは、ここからは和歌山県田辺市本宮町における世界遺産保全と観光事業との関わりについてみていく。
①概要
　和歌山県田辺市は「紀伊山地の霊場と参詣道」が一覧表に記載された後の2005年5月1日に市町村合併を行い、旧田辺市、旧龍神村、旧中辺路町、旧大

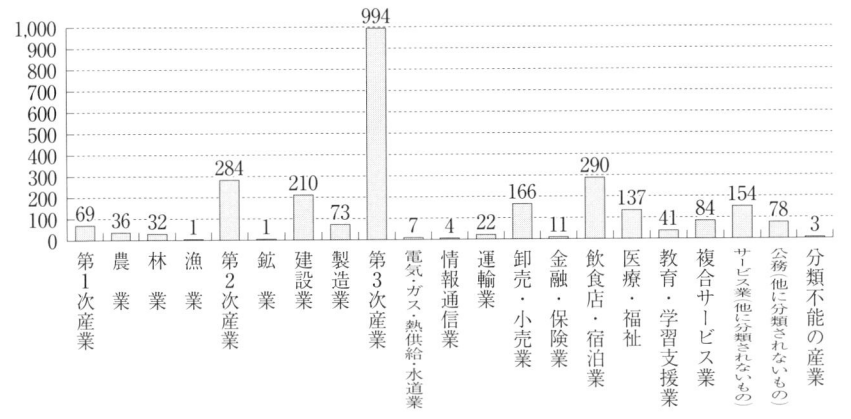

第4章　世界遺産保全と観光振興による地域づくり

図表4-4　本宮町産業別就業者数（2007年）

産業	就業者数
第1次産業	69
農業	36
林業	32
漁業	1
第2次産業	284
鉱業	1
建設業	210
製造業	73
第3次産業	994
電気・ガス・熱供給・水道業	7
情報通信業	4
運輸業	22
卸売・小売業	166
金融・保険業	11
飲食店・宿泊業	290
医療・福祉	137
教育・学習支援業	41
複合サービス業	84
サービス業（他に分類されないもの）	154
公務（他に分類されないもの）	78
分類不能の産業	3

出典：田辺市『田辺市統計書』（2010年6月発行）をもとに著者作成。

塔村、旧本宮町（以下、本宮町）から成る。田辺市の現在の人口（2010年8月）は8万1,697人であり、そのうち本宮町の人口は3,419人となっている。本宮町の人口は減少傾向にあり、約4割は65歳以上が占めている。高齢化率は田辺市において最も高い。

田辺市の特徴として、旧龍神村には龍神温泉、旧中辺路村には近露温泉、旧大塔村には富里温泉、本宮町には川湯温泉・渡瀬温泉・湯峰温泉といった温泉地があることがあげられる。本宮町にある3つの温泉地のうち湯峰温泉は、熊野本宮大社から2km離れた山間に位置する「湯垢離場（ゆごりば）」でもある。

②基幹産業

田辺市の土地のほとんどはスギやヒノキといった森林であり、そのうち60％以上は人工林が占めている。だが、産業別就業者数をみると林業事業者はこの10年間で激減しており、現在の基幹産業は第3次産業となっている。**図表4-4**をみると、とりわけ飲食店・宿泊業と卸売・小売業への就業者が多いことがわかる。つまり本宮町では、温泉郷の旅館・民宿や熊野本宮大社周辺の飲食店や土産物屋などが基幹産業であり、本宮町を訪ねる観光者数が重要な鍵となっている。

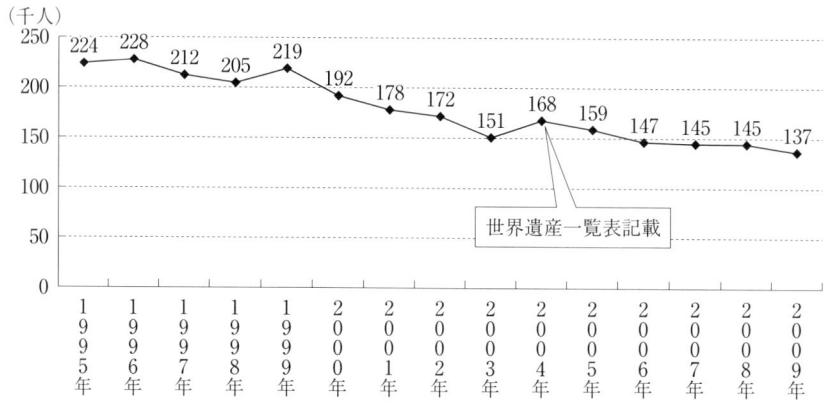

図表 4-5　熊野本宮温泉郷宿泊者数の推移

(千人)
年	1995	1996	1997	1998	1999	2000	2001	2002	2003	2004	2005	2006	2007	2008	2009
人数	224	228	212	205	219	192	178	172	151	168	159	147	145	145	137

（2004年：世界遺産一覧表記載）

出典：和歌山県商工観光労働部観光局「観光客動態調査報告書」2009年をもとに著者作成。

③宿泊者数の推移

　本宮町の熊野本宮温泉郷における現在の観光入域者数の推移については、2節にて図表4-2を提示した。それによると、2004年に世界遺産一覧表へ記載されて以降、増加傾向にあることがわかっている。ここでは、本宮町の基幹産業が第3次産業であるのと、とりわけ飲食店・宿泊業の就業者が多いことがわかっていることから、熊野本宮温泉郷における宿泊者数推移を確認してみる。

　図表4-5をみると、宿泊者数は減少傾向にあることがわかる。一覧表記載の2004年は前年に比べて約2万人の増加がみられるが、翌年以降は減少を続けている。このことから、宿泊者の確保が大きな課題となっていると言える。

(2)　**世界遺産保全**　　それでは、本宮町における世界遺産保全関連の組織や取り組み内容にはどのようなものがあるのか。主なものを紹介する。

①世界遺産センター（和歌山県）

　和歌山県は2005年4月、「紀伊山地の霊場と参詣道」の保存と活用の拠点となる「世界遺産センター」を開設した。本センターでは、世界遺産の保存・管理、情報発信、啓発講座の開催、非営利組織（NPO）などの交流活動の支援にあたっている。

　世界遺産の保存・管理とは、制度・施策によるものと住民や観光者によるも

のとの大きく2点がある。このうち、後者の住民や観光者による実践の1つに「道普請(みちぶしん)」がある。紀伊山地は年間を通して雨量が多く、台風などでは土砂の流出や木の倒壊などによって参詣「道」が損傷し被害に遭うことも多い。そこで、継続性のある保全活用の必要性から、道の修復を行っている。この取り組みが道普請である。道普請の実践には、地域住民だけでなく、小・中・高校生や企業による社会貢献活動としての参加もみられる。

その他、和歌山県と協働して保全活動に取り組む「和歌山県世界遺産マスター」制度を導入している。この制度は、和歌山県内の居住・勤務者を対象として募集し、研修受講と修了証交付を経て認定試験を実施し、その合格者を世界遺産マスターとして認定している。

②世界遺産本宮館(田辺市)

田辺市の管理・運営のもと、2009年7月に熊野本宮大社の道路向かいに「世界遺産本宮館(以下、本宮館)」が開設された。この本宮館は田辺市の「本宮行政局産業建設課商工観光担当部署」でもある。

本宮館の設置目的は、1)世界遺産を取り巻く文化的景観を恒久的に保存することと、2)文化遺産の調査研究や産業・文化の情報発信基地としての役割を担うことにある。業務内容としては、年中無休のもとで1)世界遺産保全にかかる調査研究に関する業務、2)世界遺産啓発、情報発信に関する業務、3)施設の維持管理及び運営業務、4)その他商工観光振興に関する業務、に取り組んでいる。

本宮館内は、多目的ホールにて世界遺産関係のイベントや講演会などを実施し、展示スペースでは「紀伊山地の霊場と参詣道」関連の展示と熊野本宮大社関連の展示を行い、観光案内スペースでは観光者への案内を行っている。その他、情報図書スペースもあり、地域住民だけでなく観光者も利用可能である。

この本宮館の大きな特徴として、入所組織をあげることができる。
- 熊野本宮館事務局(田辺市)
- 和歌山県世界遺産センター(和歌山県)
- 財団法人・和歌山健康センター熊野健康村
- 熊野本宮観光協会

・田辺市熊野ツーリズムビューロー本宮事務所

　上記の入所組織は、世界遺産本宮館の1つの建物のなかに、そして同じフロアにすべての事務所が設けられている。これは、世界遺産保全に関わる組織と観光に関わる組織が机を並べていることにもなる。

(3)　観　光　　次に、本宮町における観光事業に関わる組織と取り組み内容について主なものを紹介する。

①熊野本宮観光協会

　熊野本宮観光協会（以下、本宮観光協会）は、温泉、宿泊、飲食など本宮町の全般的な観光事業に関わっている。また、本宮観光協会会員は観光振興への取り組みだけではなく、道普請も実施している。

　本宮観光協会が関わる子供を対象とした最近のイベントに、本宮町内の小学生が和歌山県外の小学生を熊野古道へ案内する「ジュニア語り部プロジェクト」、中学生を対象として参詣道を修復しながら歩く「古道道普請」などがある。その他、那智勝浦町観光協会と新宮市観光協会と共に「熊野三山もてなし推進委員会」を発足させ、5日間で参詣道を100km歩く大学生モニターツアーの実施なども行っている。

②熊野本宮語り部の会

　参詣道を中心として、観光者と一緒に歩きながら歴史、文化、草花などについて案内する組織に「熊野本宮語り部の会（以下、語り部の会）」がある。設立は1986年であり、世界遺産一覧表記載よりも早い。会員は主に本宮町の地域住民であり、現在（2010年9月）の会員数は正会員36名、準会員7名の合計43名である。会長の坂本勲生氏は国の『観光カリスマ百選』において「観光カリスマ」に選定されている。

③田辺市熊野ツーリズムビューロー

　2005年5月1日に市町村合併により田辺市が誕生したのち、同年9月に田辺市観光協会連絡協議会が設立され、翌2006年4月1日には官民共同の事業として4つの観光協会（田辺・龍神・大塔・中辺路町・熊野本宮）から成る「田辺市熊野ツーリズムビューロー（以下、ビューロー）」が設立された。

　本ビューローの最近の取り組みに、一般社団法人格の取得と第2種旅行業の

登録がある。近年の観光形態が団体旅行から個人旅行へと変化し、旅行業務もアウトバンドからインバウンドへと変化していることからインバウンドに着目し、着地型観光による外国からの個人客の誘客に取り組んでいる。その際、第3種旅行業では実施するエリアが隣接地域に限られるため、個人・小人数グループに対してそれぞれのニーズに合ったきめ細かなサービスが困難な状況にあった。そこで、第2種旅行業者となることで実施できる地域が広くなり、個別のニーズに対するサービスの充実だけではなく、地域の商品づくりや地域性を活かしたサービスが可能となる。

また、これと関連して、本ビューローは田辺市内の宿泊業者との直接契約を試みている。これによって①インターネットでの情報発信、②確実な利用料金の支払い、③海外からの観光者でも安心したやりとり、が可能となる。本宮町は高齢化傾向にあり、宿泊業の経営者も高齢となる中で、本宮町におけるインバウンドの成長には宿泊業の安定が必要であり、その課題克服へ向けた動きがみられる。

④財団法人・和歌山健康センター熊野健康村

財団法人・和歌山健康センターは、2006年「熊野で健康ラボ（以下、ラボ）」を設置した。このラボは、和歌山県が推進する熊野健康村構想と協力して世界遺産の参詣道で健康づくりを通じた交流を積極的に進めている。

参詣道は「道」であるので、「歩く」ことになる。その歩くことを含めた健康づくりと地域資源の活用とを結びつけた「ヘルスツーリズム」を展開している。実践の特徴として、熊野古道に慣れたウォーキングインストラクターと語り部が同行し、ゆっくりと歩き、途中でストレッチを取り入れることで疲れを残さない試みを実施している。これにより観光者は、参詣道の案内を受けながら健康づくりを兼ねるウォーキングを楽しむことができる。最近の実践例では、毎月第3日曜日に実施しているウォーキングやバスツアーとセットになった企画がある。その他、世界遺産センターや熊野本宮観光協会などと一緒に道普請を実施するなどの世界遺産保全の取り組みも行っている。

（4）　**特　徴**　本節では本宮町における世界遺産保全関連と観光事業関連の主な組織と取り組み内容を紹介した。概観であったが、特徴を大きく2点あげ

図表4-6　世界遺産の保存と活用の循環図

和歌山県世界遺産センター
保存と活用のための活動拠点

循　環

保　存
①制度や施策による
②住民や来訪者による保存

活　用
③来訪者の受入体制の整備
④注目度のアップ

循　環

世界遺産を活かした（歴史・自然・文化・民俗・営み）
ふるさとの形成につながる

出典：世界遺産センター web site「和歌山県世界遺産センターの目的」頁をもとに著者作成。

ることができる。

　第1に、「道普請」などにみられる各組織の連携である。この理由としては世界遺産本宮館のなかの同じフロアに、行政、世界遺産保全、観光事業関連の組織が事務所を構えていることと関係があると考えられる。例えば県庁や市庁の場合、部課ごとにフロアがわかれていたり、建物も離れていたりする場合がある。また、他の部課の同意を得る場合など、書類や会議などの手続きを経る必要もある。その点、本宮町では世界遺産保全と観光とのそれぞれの立場の歩み寄りが実現しやすい環境にあり、切り分けた関係としてではなく循環した関係が構築されている。

　第2に、世界遺産保全活動と観光事業の内容をみると、両者は「地域づくり」へ繋がっていることである。本宮町の観光事業を歴史的にみると、熊野信仰・熊野詣のなかで参詣者にとって食事・宿泊・湯垢離などに関わる重要な産業であった。また、地域住民の側からみると、本宮町の自然環境、習慣、伝統芸能、建物、温泉などは、いずれも生活そのものであった。この中で、観光事業は歴史的に本宮町の資源を循環させる役割を果たしており、この循環によって地域の持続性が保たれてきたと考えることができる。

　しかし、現在では、人口減少・高齢化・生活様式の変化などに伴って、各資

源の循環機能に問題が生じている。そこで、熊野本宮観光協会では本宮町の多様な資源について、①継承、②活用、③保全といった３つの要素の循環から観光振興の展開を試みている。これは、和歌山県世界遺産センターが提示している世界遺産を活かしたふるさと形成（地域づくり）の考え方（**図表４-６**）にも繋がる。つまり、地域のなかで世界遺産の活かし方を考えることと地域資源の循環を考えることは、いずれも「地域づくり」を考えることへと繋がっている。これからの本宮町における取り組みに注目したい。

6　おわりに

　本章では、観光が世界遺産保全へ果たすことができる役割を考えることを目的とした。

　ユネスコは理念として「心の平和構築」を掲げており、お互いの風習と生活を知る必要性を提示している。世界遺産条約はユネスコによって採択されたものであるため、世界遺産を通した心の平和構築が求められる。その実現にあたり、観光はどのように役立つことができるのか。

　本文中で筆者は、「世界遺産を対象とした観光とは、人と人とがお互いを知り、そして人と人との繋がりを生み出す役割を担う」と提示した。現在の日本国内をみると、多くの地域が観光を手がかりとした地域づくりに取り組んでいる。その際、地域特有の自然環境・動植物、食、習慣、建物など地域のあらゆる資産の発見・再発見が行われ、地域の「場所性」が見直されている。また、住民・事業者・行政など多様な主体の関わり方が考えられている。それが世界遺産となると、どのように捉えられているのか。本章では事例として和歌山県田辺市本宮町を取り上げたが、世界遺産保全と観光事業の両者が、共に世界遺産の保存と管理の「循環」を考えるといった動きをみせている。このような例は、他ではあまり見られない。だからこそ、世界的にみても世界遺産保全と観光との両立は課題となっている。

　ユネスコは世界遺産保全と観光との両立の実現へ向けて、2001年に「持続可能な観光計画」を作成している。本文中でも言及したが、ガイドラインの内容

をみると、世界遺産地域において遺産管理を行っていくにあたり地域での連携のあり方が問われており、とりわけ観光事業の世界遺産保全への関わり方が鍵とされている。この地域での連携のあり方や世界遺産保全への関わり方について、観光事業側がどのように歩み寄り、そしてどのように築いていくかが求められているのではないだろうか。観光事業側が世界遺産保全の理念を「知り」、世界遺産保全と「繋がる」取り組みを展開するところに、観光が世界遺産保全へ果たすことができる役割が見えてくるだろう。

1) 本章においては世界遺産「保全」と表示しているが、この理由は本章で取り扱っている世界遺産が「文化的景観」であることに拠る。本文中でも少しだけ触れているが、文化的景観とは世界遺産条約履行のための作業指針のなかで「人と自然との共同作品」と示されているよう自然環境と関わるところが大きい。また、「保存」「保全」の議論を行うことは本章の趣旨ではない。そのため、「保存」は単体の対象である場合や施策等の用語である場合に併せて用い、「保全」は「文化的景観」のように単体ではなく総合的な対象である場合に用いることとする。
2) 日本語訳は㈳日本ユネスコ協会連盟編『世界遺産年報2008 No.13』日経ナショナルジオグラフィック社、2007年、41-42頁を参照した。
3) ここで紹介している各資産の概要については世界遺産一覧表記載推薦書『紀伊山地の霊場と参詣道』を参照した。

参考文献
寺前秀一『観光政策学――政策展開における観光基本法の指針性及び観光関連法制度の規範性に関する研究』イプシロン出版企画、2007年
松浦晃一郎『世界遺産――ユネスコ事務局長は訴える』講談社、2008年
溝尾良隆編『観光学全集第1巻 観光学の基礎』原書房、2009年
安村克己『観光――新時代をつくる社会現象』学文社、2001年
㈳日本ユネスコ協会連盟編『世界遺産年報2008 No.13』日経ナショナルジオグラフィック社、2007年
Boyer, Marc. 2000 *L'invention du Tourisme*, Paris: Gallimard.（成沢広幸訳）『観光のラビリンス』法政大学出版局、2006年
Urry, j. 1990 *The Tourist Gaze: Leisure and Travel in Contemporary Societies*, Sage.（加太宏邦訳）『観光のまなざし――現代社会におけるレジャーと旅行』法政大学出版局、1995年
世界遺産一覧表記載推薦書『紀伊山地の霊場と参詣道』2003年

第4章　世界遺産保全と観光振興による地域づくり

文化庁文化財記念物課『イコモスによる「紀伊山地の霊場と参詣道」に対する勧告（仮訳）』、
　2004年5月12日
世界遺産「紀伊山地の霊場と参詣道」三県協議会『世界遺産「紀伊山地の霊場と参詣道」に
　関する包括的な保存管理計画』、2005年10月4日
和歌山県商工観光労働部観光局「観光客動態調査報告書」2009年
和歌山県田辺市『田辺市統計書』2010年6月

参考ウェブサイト
白川村　http://shirakawa-go.org/
和歌山県世界遺産センター　http://www.sekaiisan-wakayama.jp/

第5章
中国の世界遺産「麗江古城」と観光

楊　路

1　はじめに

　グローバリゼーションの波とともに、観光は世界的な市場の拡大をとげ、多様なニーズに応えるよう要求されている。麗江は世界遺産の指定を受ける前まで、中国国家歴史文化名城という歴史都市としての既存の格付けに相応しい恩恵とはほとんど無縁であった。1996年に見舞われたマグニチュード7の地震によって、中国雲南省に位置するこの静かな町並みは世界的に知名度が高くなり、さらに世界文化遺産登録と震災復興を同時に成功させ、観光業も飛躍的に発展した。麗江における観光開発の経験は、ユネスコなどの国際機関から高く評価され、「麗江様式」として広く紹介された。

　少数民族の伝統文化や壮大な自然を特別なまなざしで見る人々にとって、麗江は中国の観光地を語る上で欠かせない存在である。雲南省の観光開発の在り方を考えるために、大地震を境目とする麗江の「過去」と「現在」を明らかにすることが不可欠であろう。

　本章では、麗江の観光資源からその観光開発の必然性を明らかにすると同時に、大地震を含む何回かの破壊危機から免れた経緯を踏まえた上で、今日までの発展に大きな役割を果たした地元有識者の活動を紹介することにより、「麗江様式」と呼ばれるその発展モデルを考えていきたい。

2　中国の世界遺産

1　中国の世界遺産の概要

　中国は1985年12月12日に「世界の文化遺産及び自然遺産の保護に関する条約」(「世界遺産条約」)を締結し、1986年から正式に世界遺産の申請を開始し、1987年にはじめて世界遺産と縁をもつようになった。万里の長城、北京の故宮や莫高窟等6つの地域は、1987年に世界遺産に登録された。2010年8月現在まで、中国は28の文化遺産、8の世界遺産と4の複合遺産を有し、世界遺産の数が40にのぼった。

　世界遺産の申請を契機に経済の発展と文化の保護を推進する狙いから、中国をはじめ世界的に申請ブームが沸きあがり、今後さらに世界遺産の候補選びに拍車をかけると予想される。それに備え、正式に登録された世界遺産のほか、中国では60以上の遺産候補からなる暫定リストも発表された。

　中国の世界遺産は、スペインやイタリアに次ぎ、世界で3番目に多い。首都北京は6つの世界文化遺産を持ち、世界的に見ても世界遺産保有数が最も多い都市である。なお、南西部の四川省は、1つの文化遺産、3つの自然遺産と1つの複合遺産を誇り、中国で唯一すべての世界遺産が揃った地域であり、北京に次いで世界遺産の数は2番目である。

2　中国における世界文化遺産の申請と管理

　中国では世界文化遺産の申請と管理といった業務は、主に国家文物局に委託され、そのうち、直接関連業務に携わっているのが、同局文物保護司の「世界遺産処」である。世界遺産処は文化遺産の初期選定、審査、管理のほかに、世界文化遺産となる範囲の確定及びその範囲内での工事の審査、保護プロジェクトの予算提案等にかかわる。中国では、迅速に政策を実行に移すために、どの中央省庁のもとにも、業務上の指示ができる各レベルの役所機関がある。つまり、世界文化遺産の申請と管理は、中央の国家文物局と地方の省文物局や市(県)文物局との連携を通じて実現する。この過程において、国家文物局が国

図表 5-1　登録された中国の世界遺産一覧（2010年8月現在まで）

	文　化　遺　産（28）						
	物　件　名	登録	拡大		物　件　名	登録	拡大
1	万里の長城	1987		15	天壇	1998	
2	北京と瀋陽の故宮	1987	2004	16	大足石刻	1999	
3	敦煌の莫高窟	1987		17	青城山と都江堰の水利施設	2000	
4	秦始皇帝陵と兵馬俑	1987		18	安徽南部の村落、西逓と宏村	2000	
5	北京原人化石出土の周口店遺跡	1987		19	龍門石窟	2000	
6	承徳避暑山荘と外八廟	1994		20	明・清朝の皇帝陵墓	2000	2003 2004
7	曲阜の孔廟、孔林、孔府	1994		21	雲岡石窟	2001	
8	武当山道教寺院群	1994		22	古代高句麗の首都と古墳群	2004	
9	ラサのポタラ宮歴史遺跡群	1994	2000 2001	23	マカオ歴史地区	2005	
10	廬山国立公園	1996		24	殷墟	2006	
11	麗江古城	1997		25	開平楼閣と村落	2007	
12	平遥古城	1997		26	福建の土楼	2008	
13	蘇州の園林	1997	2000	27	五台山	2009	
14	頤和園	1998		28	"天地之中"歴史的建築群	2010	
	自　然　遺　産（8）						
1	九寨溝渓谷	1992		5	四川省のジャイアントパンダ保護区	2006	
2	黄龍風景区	1992		6	中国南部カルスト―	2007	
3	武陵源―	1992		7	三清山国立公園	2008	
4	雲南三江併流の保護地域群	2003		8	中国丹霞	2010	
	複　合　遺　産（4）						
1	泰山	1987		3	峨眉山と楽山大仏	1996	
2	黄山	1990		4	武夷山	1999	

第5章 中国の世界遺産「麗江古城」と観光

図表5-2 暫定リスト掲載物件(部分)

	物件名	登録		物件名	登録
\multicolumn{6}{c}{文化遺産}					

	物件名	登録		物件名	登録
1	大運河	2008	17	白鶴梁の古水文題刻	2008
2	雲居寺塔、蔵経洞と石経	2008	18	鳳凰古城	2008
3	中国の白酒醸造遺跡	2008	19	南越国遺跡	2008
4	山西商人の邸宅群	2008	20	霊渠	2008
5	山西省と陝西省の古民居	2008	21	花山岩画	2008
6	明・清王朝の城壁	2008	22	古蜀遺跡	2008
7	牛河梁遺跡	2008	23	チベット族と羌族の碉楼と村落	2008
8	元の上都と中都の遺跡	2008	24	貴州省南東の苗族の村落	2008
9	痩西湖と揚州歴史地区	2008	25	貴州省南東の侗族の村落―六洞と九洞	2008
10	江南の水郷古鎮	2008	26	ハニ族の棚田群	2008
11	杭州西湖の龍井茶園	2008	27	カレーズ井戸	2008
12	良渚遺跡	2008	28	「蘇州古典園林」の拡大	2008
13	上林湖越窯遺跡	2008	29	「安徽省南部の古い村落」の拡大	2008
14	銅嶺銅鉱遺跡	2008	30	「曲阜の孔廟、孔林、孔府」の拡大	2008
15	臨淄の斉の古都と王陵	2008	31	「明・清王朝の皇帝墓群」の拡大	2008
16	シルクロードの中国部分	2008			

自然遺産

	物件名	登録		物件名	登録
1	神農架自然保護区	1996	6	金仏山風景区	2001
2	東寨港自然保護区	1996	7	天坑地縫風景区	2001
3	揚子鰐自然保護区	1996	8	五大連池風景区	2001
4	鄱陽湖自然保護区	1996	9	澄江動物化石群	2005
5	桂林漓江風景区	1996			

複合遺産

	物件名	登録		物件名	登録
1	雅礱河風景区	2001	6	麦積山風景区	2001
2	長江三峡風景区	2001	7	海壇風景区	2001
3	華山風景区	2001	8	大理蒼山洱海風景区	2001
4	雁蕩山	2001	9	「泰山」の拡大	2008
5	楠渓江	2001			

を代表して国際機関と交渉したり、意思決定を行い、指導的な立場にあるのに対して、地方にある文物局は世界遺産の関連資料を作成したり、保護するためのプロジェクトを実行したりする。

一口に世界文化遺産といっても、宗教、建築、考古学といった複合的な要素をもち合わせているし、もともと分野が多岐にわたる。保護の段階に入ると、企画指導や財政面でのバックアップも必要とされるため、プロジェクト立案評価を担う「発展及び改革委員会」と予算審議が担当となる財政部及び地方にある財政庁（局）[1]も作業チームに編入されるのが普通である。文物保護にあたって中央関連省庁が横の連携を強め、合同連絡会議をもつやり方をとり入れ、雲南省も地方レベルの管理機関である雲南省文物管理委員会を立ち上げた。同委員会は担当副省長を主任とし、文化庁、文物局、発展および改革委員会、財政庁、建設庁、国土資源庁、林業庁、観光局と宗教局等17部門の責任者からなり、事務局が文物局に置かれている。当委員会は世界文化遺産の保護計画の審査と管理時に直面する課題の解決協議を担当する。雲南省における世界文化遺産の保護及び管理の監督は、同委員会の日常的な業務として事務局に一任する。委員会の各構成部門は関連法律と所轄範囲に基づいて、文化遺産とされる範囲内の資源を管理する。

麗江古城は1997年に登録された雲南省の最初の世界遺産で、その管理面での運営は遺産所在地の実践のよい実例であろう。麗江古城の保護は主に麗江古城保護管理局が担当する。管理局は関連法律の普及実施、伝統文化の研究・調査にあたって協力や呼びかけ、古城の維持管理費の徴収、古城の公共施設およびインフラの改善など第一線の権限を任されている。同管理局のもとには事務局、保護建設課、文物保護管理課や財務課、総合管理課、監査執行課といった6つの課と遺産監査センター、麗江古城維持費徴収分隊が置かれている。すなわち、古城管理局は保護法律の実施、監督、資金の保障と連携づくりなどの面において、世界遺産麗江の最前線の維持管理にあたる。しかし、麗江古城の管理は中央政府の事務機関である国家文物局、建設部と省政府の事務機関である雲南省文物局、雲南省建設庁から指導をうけ、何か新しい立案がある場合には、以上の機関まで報告し、指示を仰ぐ。

中国ではいまだに世界遺産の保護を主旨とする専門的な法律はないが、文化財の保護を唱える「中華人民共和国文物保護法」（以下は「文物保護法」と略する）が代替法律として重要な役割を果たしている。「文物保護法」では文物取扱いの方針を「主たる保護、第一の早急修繕、合理的な利用、管理の強化」と定めている。以上の基本方針のうち、「保護」は堅持すべき前提で、「早急修繕」は急務であり、そして、「利用」は究極的な目的であり、「管理」は文物存在の保証となる。基本方針は指針として、広大な中国に分布する文化財に対応しきれないため、世界遺産所属地域では、地元の事情を踏まえてそれぞれ条例を定める動きもある。例えば、「甘粛敦煌莫高窟保護条例」、「四川省世界遺産保護条例」、「長城法」、「雲南省麗江古城保護条例」等がある。

　中国では、世界遺産の維持管理費は原則として所在地が調達・保障する。例えば、麗江の場合は、古城保護管理局に徴収される維持管理費から賄われることになる。同管理局の職員の話によると、維持管理費が足りなかったら、融資のルートを探してみる。管理局は現時点では資金不足に悩まされ、大量の借金を抱えている。

　維持費の調達苦労や観光化のマイナス効果など、麗江古城も様々な難題に直面するが、総じて見れば、1997年に世界遺産に登録されて以来、世界遺産保護と観光開発を比較的うまく両立させ、広く注目されている成功例とも言えよう。次に、麗江古城の取り組みに触れていく。

3　世界遺産申請と震災復興の転換点に立った麗江

1　麗江の概要

　麗江市は雲南省北西部に位置する。面積は2万600平方キロで、人口はおよそ110万人である。行政区画では、古城区や玉龍ナシ族自治県、永勝県、華坪県と寧蒗イ族自治県からなっている。観光のメインエリアは古城区にあり、通称「古城」というところである。麗江には古くから数多くの少数民族が生活している。何世代にもわたってここで営みをする少数民族は12であり、その内訳は、ナシ族23.37万人、イ族20.14万人、リス族10.62万人である。

麗江市は長い歴史を有し、歴史上では雲南省北西部の政治・経済・文化の中心であり、「茶馬古道」3) の重要な中継地でもあった。同市では、最も優位に立つ潜在的な資源は主として観光資源、生物資源と水力資源があるとされている。観光資源の粋としてよく取り上げられるのが玉龍雪山、古城と東巴（トンバ）文化である。

玉龍雪山は国家等級風景名勝区や省等級自然保護区・観光開発区の格付けを持っており、風景名勝と認定されるエリアはおよそ2.63万ヘクタールである。域内では北半球から赤道に最も近い海洋性氷河と大量の原始林が分布されるほか、59種類もの希少野生動物が生息している。「氷河の博物館」と「動植物の宝庫」との定評がある。

古城は宋の末から元の初期にかけて作られ、800年以上の歴史を有する。面積はおよそ3.8平方キロである。1986年には国家等級歴史文化名城に指定され、さらに1997年12月4日に白沙民家建築群と束河民家建築群と合わせ世界文化遺産に登録された。石畳みの歩道や瓦葺きの木造建物の巧みな配置が見どころである。

ナシの東巴（トンバ）文化には象形文字、ナシ古楽、トンバ経典などが含まれ、分野は音楽から建築や宗教まで及んでおり、学術的な価値が高く評価されている。

2　文化保護を出発点とした日々の蓄積

麗江はいくら雪山や原始林といった自然資源に恵まれるといっても、もし、歴史と民族文化が存在しなければ、今日の発展をみることはなかったであろう。ここでは、麗江古城を文化遺産の価値を損う建設ラッシュから守る何人かの有識者を取り上げてみたい。

1986年7月に元雲南工学院建設工学部の朱良文教授はアメリカの大学の建設関係の教員や学生19人とともに、麗江地区を訪れた。現地でナシ族の伝統建築を紹介する予定であった。その時、麗江では豊かになった一部の住民が、木造の伝統住居を取り壊し、その代わりに現代感あふれるコンクリートの建物を建てる光景が彼らの目に映った。一方、住み心地の良さを目当てに展開する民間

第5章　中国の世界遺産「麗江古城」と観光

の動きに呼応するかのように、政府側でも大がかりな取り壊し計画が進められていた。行政号令のもとで、取り壊しを指揮する作業チームも立ち上がった。一歩間違えば、3.8平方キロの古い町並みは永遠にこの世界から姿を消しただろう（ちなみに、10年後の大地震の時も、釘を使わ

麗江古城の全景

ぬこの独特な木造り構造の力吸収などによって、ほとんどの家屋は倒壊しなかった。もし、近代化町づくりの推進によって壊されたら、「人災」と言うしかないであろう）。

　麗江地区建設委員会主任の楊世昌は、古い町並みの取り壊しに慎重な姿勢で臨む1人であった。「重慶日報」によると、業務統括部門の責任者として、古城の価値を普通の市民より理解できた楊世昌は朱良文に助言を求めた。県政府が経済発展を優先課題と捉え、通達まで出ている状況で、中止させることはできないだろうと朱教授は思っていたが、なんとかやってみると楊世昌に約束した。

　1986年7月17日に、朱教授は雲南省和志強省長あてに書簡を送り、建設という名の下での破壊を取りやめてほしいと訴えていた。彼は麗江の建設計画を「建設的な破壊」と皮肉り、それらの建設の実施により、「古城の調和を損ない」「麗江古城は甚だしい脅威に晒され、新しい町は鋭い刀のように古城に差し込んでいる（中略）四方街は古城の心臓みたいなもので、心臓が壊れたら、古城の価値も失ってしまう」と主張し、有識者の危機意識を滲ませた。書簡では朱良文は街道ごとに大まかな計画ビジョンについても触れ、次のように自身の理念を強調した。「もちろん、古城でも経済の発展、交通の改善、インフラの完備が求められている。保護と同時に、建設も欠かせない。しかし、これは厳格でかつ科学的な検証が必要であり、無謀は禁物である。全国の学者や専門家の意見を幅広く聞くべきである」と述べた。

　8月14日に和省長は「麗江古城を完璧に保存する必要がある。特色のあるナ

133

シ族の伝統建築の研究だけではなく、開放と観光のためにも必要である。国内外の識者は何度も（保護の重要性を）訴えている。ぜひ真剣に検討し、麗江古城の保護に努めてほしい」と麗江県政府に指示し、始まろうとする取り壊し計画に歯止めをかけた。

　朱良文と和志強省長の書簡によるやり取りは麗江の運命を大きく変えた。ここで、私は開放改革に伴う1980年代の麗江での建設ラッシュを、麗江の「第一次危機」と呼びたい。有識者の努力で麗江はその危機を免れて生き残った。

　朱良文教授はこのように述べている。「経済の発展から見たら、県政府の考えが理解できることはできるが、経済先行という短絡的な発展観は麗江を壊すところだった。経済の発展において、政府が視点を変えてみることはその地方の長期的な発展要因になると思う」。

3　逆風での世界文化遺産の申請

　1986年には、雲南省ではすでに第三次産業を基幹産業として育成する動きが現われていた。しかし、その時の麗江はまだ今ほど脚光を浴びるどころか、その名を聞いた人さえわずかであった。

　1994年10月に、雲南省政府主催の省内北西部観光企画会議が開催された。麗江の運命は会議によって変えられたのである。会議で麗江の世界遺産申請を重要議案として俎上に載せることになった。これは、麗江が世界遺産申請に向けた第一歩であった。

　1995年6月に開催された国家文物局の会議において、麗江古城や平遥古城、蘇州の園凛は1997年度における中国の世界遺産申請候補と正式に決定され、そのうち、麗江の優先順位はトップであった。

　これを受け、同年12月25日に当時の麗江県政府は世界遺産申請作業チームを組み本格的に動き出したのである。

　ところが、1996年2月3日の午後7時14分、マグニチュード7の大地震が麗江を襲い、死者309人や重傷者4,070人が出た。地震で家屋も103万軒が倒壊した。世界遺産の申請に及ぼす不可避の悪影響が懸念されていた。地震発生後の18日目、ユネスコの視察団は中国国家文物局担当者の同行のもとで麗江の古い

第5章　中国の世界遺産「麗江古城」と観光

町並みを中心に視察していた。幸いなことに、専門家たちは、地震による被害が甚大であるにもかかわらず、古城の粋を象徴する部分がまだ残っており、全体の配置や景観には大した変化がないと判断していた。当時の世界遺産ブームでは、宮殿や有名人ゆかりの住宅が多かったよ

麗江古城の街並み

うで、庶民の居住文化を反映する建築が極端に少なく、麗江古城の申請はこの空白を埋めることで、相当な意味をもっていると思われる。視察団はこの意義を高く評価し、申請をもとの日程通り行うという共通認識を得たのである。ここで特筆したいのは、麗江がユネスコから与えられた特別待遇のことである、当時の麗江は「申請候補」の段階だったにもかかわらず、専門家たちは4万米ドルの保護目的援助金の調達に協力したのである。

　専門家の協力的な後押しと指導は外部的環境であり、最終の申請ゴールにたどり着く絶対的な条件ではない。震災復興にとともに展開された努力は、さらに追随を許されぬ観光発展の基礎を整えたといっても過言ではなかろう。

　申請文書は、データや写真、資料などをベースに麗江の特徴を浮き彫りにする重要書類であり、建築学・歴史学・人文学などにおける麗江古城の意義を強調しなくてはならなかった。その作成はまさに申請の成功を左右する決め手であった。

　震災復興の最中、麗江県では都市建築関係者、文化研究者や博物館員をはじめとする14名の職員を動員し、期限内での文書作成を要請した。職員たちは地震による資料の紛失または事務所破壊といった過酷な状況を克服し、時間と戦っていた。余震が発生する中、彼らは数か月をかけ、資料の収集に没頭し、20万字あまりの申請文書の初稿を完成させた。1996年5月7日に、国家建設部から20万字の申請文書を4万字のものにしてほしいと言われて、麗江の申請作業は在北京の麗江出身者に拡大した。

一方、申請にあわせて麗江県博物館や書画院は1997年4月から「古城文化財展示」、「トンバ文化展」、「麗江写真展」などの展覧会をテーマごとに開始し、麗江の伝統文化を積極的に紹介することにした。[5]

麗江の知名度はいうまでもなくその町自体固有の歴史の重みと深く関わるものである。しかし、世界文化遺産の申請段階と大地震の時期が重なったことも微妙に影響していたであろう。大地震に見舞われた際に、麗江はもはや本格的に世界遺産の申請段階に入っていた。メディアが被災状況に注目し始めることによって、麗江は様々な風評にさらされており、世界遺産の申請に対するマイナスの憶測も飛び交っていた。1997年1月29日に、麗江では政府の主催により、「2.3地震1周年記念」のイベントが開かれた。行政指導者は香港のメディアを含む40社、50名以上の記者を対象に記者会見を行い、麗江古城の世界遺産申請や再建の様子などを紹介した。[6] 麗江は被災の事実を隠すよりも、むしろ好奇心あふれる人々の受け入れに乗り出したのである。いわば、震災を逆手に取った一種の戦略であった。この一歩は麗江の世界的な知名度を高めるうえで相当な意味を持っていたと言えよう。

4 復興に伴う「真正性」の追求

麗江では震災復興という意味では、家屋の修繕、町作りの再計画が当時の急務になった。その過程において、「真正性」をめぐる議論もまた活発化になっていた。豊かさが誘因で始まろうとした1980年代の建設ラッシュを麗江の「第一次危機」、そして、大地震による被害を「第二次危機」と呼ぶとしたら、復興過程で見られる真正性に対する議論は、麗江の「第三次危機」であったかもしれない。

この地震の影響で古城の80％以上の建物が被害を受けていた。地元政府で修復をめぐる意見がまとまらなかったのである。様子を元に修復するか、しないかということが、争点になっていた。「どうせ地震で壁が壊れたから」、新しい建物を建て替えると主張した意見と、壊さずに復元を重視する意見に分かれた。

上海同済大学の建築及び都市企画学院教授であり、国家歴史文化名城研究センター長を務める阮儀三氏は、歴史都市の改築に当たる現状の普遍性を次のよ

うに分析した。「民家は老朽化したものが多く、住民はその住まいに満足せず、特に若者はその傾向が強く、住居の条件改善を切実に望んでいる。しかし、これは大量の資金を投入しなければならない。このため、歴史都市は常に保護と修復とが付きまとう。不動産の開発に携わる業者は利益が見込めないとして保護の制約を受けながらの開発を避ける。一方、政府は保護に必要な資金を拠出するのに限界がある。住民による自主的な改築の場合は、伝統建築にこだわりたがらない。」また、「古い建築を全部取り壊した敷地で新築を建てれば、手間がかからないし、実施しやすい。設計も楽である。しかし、これは都市の古い名残りや風情を根本から消滅させる行動である」。建築の復元に反対を主張した役人たちも、おそらく利便性や政府の資金枠を念頭に、地震を「新築の合理化」につなげていったのであろう。一方、調和が取れないと世界文化遺産に必要な文化的価値を損なう恐れがあると思って、長期的な視点で計画を進めるようと主張した役人も少なからずいたのであろう。

　結局、「復元」という意見で決着が付いた。しかし、実施の具体策は必ずしも明確なものではなかった。建築業界の有名人や専門家の意見・助言を幅広く聞き回ったところ、修旧如旧「(「昔ながらの佇まいを意識しながらの修復」)」という朱良文教授の案が採択された。その案によると、建築材や建築の花模様から保護指定を受けた民家、木々と石までは、保全計画や平面図、断面図を作成しなければならない対象としたのである。

　朱教授は歴史都市の改築に対して、一貫した先見性のある主張を持っており、10余年前に麗江における無計画の建設ラッシュを嘆かわしく思い、和志強省長に次のように提案した。
　①　新しい建設（道路の拡張・開通工事）は、町の主要ではない部分で展開していいが、古い町並みが集中する古城を対象にしてはいけない。
　②　度重なる審議で決定される一部の「重要民家」や「重要建築」に対しては、エリアごとに保存し、系統的な古城の保存を目指す。
　③　新築も古い町なみとの調和を考えるべきである。
　朱良文教授の案は、麗江を「第三次危機」から守った。朱教授は次のように伝統保護の意味を強調していた。「古い街並みは、大きさと豪華さによって価

値を決められるものではない。伝統民家の古めかしい雰囲気こそが求められるものである。大衆の美意識の満足度を確保すると同時に、伝統そのものも忘れてはならないのである。」また、「激論は必ずしもマイナスと捉えるべきではない。麗江の再建・復興において、論議を尽くさなかったら、今日の麗江は多分まったく違う町になっただろう」。

　この慎重論からもはや真正性をめぐる意識を強く感じることができる。「真正性」は本来芸術品の価値を規定する際に使用された概念であり、権威のある基準に従って認定される価値という受け止め方もできるようである。その過程自体において本物と偽物、すなわち真正性の議論が常になされている。「観光文化における真正／非真正の議論は、本質主義対構築主義の論争の延長上にある。文化や伝統をある特定集団によって過去から現在にいたるまで受け継がれてきたものと見なし、非歴史性や固定性を主張する本質主義に対して、構築主義は、文化や伝統は取捨選択されながら現在の社会的・政治的文脈において構築されたものだと主張した[7]」。

　麗江の場合には伝統の粋を集める古城こそ本物のアイデンティティの拠り所で、そこに暮らしてきた住民の生活に見られた智恵や工夫を含めてすべてが伝統文化を評価する重要な尺度である。部分的に再構築があっても伝統様式を離れてはいけないという識者の力説に基づき、麗江は真正性をともなって蘇ってきた。この真正性によって、はじめて世界文化遺産の価値を表すことができるし、はじめて伝統文化が喪失されつつあるこの世のなかで存在感をアピールできるわけである。

　有識者の努力がなされている一方、政府の決断や指導についても言及しなくてならない。復興の際に、政府は復興ガイドライン的な規則を公布し、全市民の自覚を促し、住民参加重視の再建に取り組んでいたのである。麗江県共産党委員会書記和自興（当時）は、その後、「力を合わせ、再建に取り組み、もっときれいで豊かな麗江を21世紀へ導け」という文書で、「昔のたたずまいを念頭に置いて修復し、もとの姿に近付けるという方針のもとで、申請作業を進めると同時に、再建に取り組んでいる。古城の修復は観光や世界文化遺産の申請を考え、住民の生活や生産に支障を来さない理念に基づき行うとする[8]」と述

第5章　中国の世界遺産「麗江古城」と観光

べ、復興・再建の道筋をつけた。
　この作業は最初から世界文化遺産への申請を念頭に置きながら進めていたのである。
　1996年9月には、県都市建設局などの部門は「麗江古城の民家修繕に関するマニュアル」を作成し、古い町並みに暮らしているすべての住民に配った。彼らが従来の景観を損なわないように指導する工夫であった。
　政府主導のもとで、街の設計や景観の再評価も行われていた。ハードウェアの面では、今日観光客を魅了する古城の原型を整え、歴史の重みと文化の奥深さにつながるイメージ作りに努めていた。いくつかの例を紹介しよう。いずれの試みも地震の「自然破壊」を逆手に取る戦略の成功と言えよう。まず、石畳などに対して、地震発生までに改修した舗装の材料を町の景観に相応しい石に変更し、水質保全のため、地下で下水道を敷設した。そして、東大街に建っていた、古城の景観を損なうと思われるコンクリートの建物を撤去し、観光客の目を楽しませるように、町の水路を隠すセメントの板を外した上で、緑を増やした。さらに、18のセメント作りの橋に取って代わる古めかしい木作りの橋を川の幅にあわせて修復した。以上の試みを積み重ねることにより、中国人憧れの「橋、流水、民家」という最も心が癒える趣が巧みに出来上がった。[9]
　総じてみれば、政府であれ、有識者であれ、復興作業において始終して文化の真正性そのものを意識しながら遂行することでは共通性が見られる。世界文化遺産への申請は1つの契機に過ぎなかった。つまり、世界遺産という格付けはお墨付きの冠であり、成功すれば、固有価値に更なる付加価値が付く。麗江ではなんとか成功させようという風潮が強かった。短期的な目標から踏み出した一歩であったが、長期的に保存に寄与する切り札になったのである。そして、痛ましい災害は世界に麗江を知る機会を提供した。地震によって、木作りの伝統民家の巧みな耐震構造（釘を使わず、地震による力を吸収したり弱めたりする）が中国建築史を研究するヒントを提示した。地震による自然破壊が、街作りのタイミングを提供した。世界文化遺産の申請中という事実と重なり、合理的な選択肢を自然のまま大多数の市民が受け入れた。それにより真正性を求める動きが成功を収めたのである。

第Ⅱ部　世界遺産を学ぶ

4　世界文化遺産としての麗江古城の活用と波及効果

1　観光と開発との両立を目指す麗江

　麗江の主要な観光地はいうまでもなく四方街と呼ばれる古い町並みである。観光の発展とともに町が賑やかになった。その一方、マイナス面としては、利潤を最大限に追求する商業活動は町の古い趣を損なったともいえよう。麗江の問題はユネスコでも関心が高まっていた。麗江も観光開発と文化の保護の両立に対して正式に動き出したのである。

　「雲南省麗江古城保護条例」[10]は建築や町の景観保護や商売の経営規制などを詳細に盛り込んでいる。古城の中心部においてあらゆる営業に対して「総量規制」の実施を開始した。これによると、新たに参入する店舗は、原則として、その営業を承認しない。すでに営業をしている店舗に対し、段階的に数量・規模で縮小するよう指導するのである。カラオケ、マッサージ、宝石経営といった古い町並みの雰囲気とあまりにも調和の取れない店にその域外への立ち退きを求める。民族衣装や民族工芸品など少数民族関連のお土産店は、古城の趣に相応しい店頭配置を、そして、その店員は民族衣装の着用を義務づけられている。

　古城に限らず、世界遺産になった同市の別のところでも官民一体の保護意識が強く働いているように見える。

　束河古鎮は古城から北西4キロ離れて、「茶馬古道」沿線で保存状態のいいところである。2003年から鼎業グループより3億元を投入され開発が行われた。当グループは農耕の特徴をそのまま残そうとして、域内の野菜畑を市場価格に基づき買い付けることにした。購入した農地は、農地利用に限定することを前提に、農民に無償提供されていた。鼎業古鎮観光開発有限公社の張万星副社長は景勝地の中核となる2ヘクタール近くの畑などについて、このように語っていた。「われわれが買い付けなければ、観光業の発展を見込んで買いにくる人も出てくるであろう。われわれはすべての農地を購入した。直径10センチ以上の木まで買い付けることにした。目的は昔の面影を保護するためである」。麗

第5章　中国の世界遺産「麗江古城」と観光

江ではこんなに先見性のある開発業者の責任感や使命感も文化の重みを下支え、非常に大きな役割を果たしているに違いない。

2　麗江古城の保護による効果

1996年初期には、麗江では星付きの高いランクのホテルも、観光用バスもなく、観光開発には限界があり、玉龍雪山だけが開発された。大地震の復興が始まると、国、省をはじめ各方面から5億元の補助金をもらった。麗江はその5億元をベースに、更に投資誘致や借款を通じてそれぞれ5億元を調達した。その資金を活用し空港や道路の改修と古町の再建などにあてた。3年がかりで観光関連施設の完備に力を入れてきた。

1999年に省都昆明で世界園芸博覧会（花博会）が開催され、観光客は昆明を訪れてから、麗江に向かう傾向も顕著に見られ、その年、麗江で受け入れた観光客の数は前年度80万人増の280万人になったのである。現在、麗江の集客効果は屈指であり、素通りの観光客がほとんどいないと言えるほどである。その増加ぶりは隣の大理州との比較から一目瞭然である。

大理州は、雲南省を中心とした南詔国（738年-902年）、大理国（937年-1253年）の都であった大理市など、歴史旧跡が多く、白族（ペー族）を中心とした少数民族文化が脈々と息づいており、省内の観光業界で圧倒的な優位を保ち続けてきた。しかし、2000年代に入ると、観光客の入込総数とその年間観光収入から見ると、大理州はいまだに昆明に次ぐ第二位を維持しながらも、国際観光の実績を評価する海外観光客入込数とそれによる国際観光収入では、麗江に追い抜かれる傾向が強くなっている。特に、2008年で麗江市と大理州の観光総収入はもう大差がなくなっている（図表5-3―図表5-5を参照）。

中国内陸部の一少数民族居住地域として、麗江の発展は目覚しい。その発展の出発点は、古城の保護までさかのぼると思われる。1997年の世界遺産登録は、麗江の全面的な発展に大いに寄与している。雲南省文化庁熊正益副庁長は世界遺産という付加価値とその波及効果について、主に次の面から指摘した。

（1）**観光業への貢献**　世界遺産登録前の1995年には、受け入れ観光客がわずか84.5万人であったが、2005年には3.8倍増加し、404.23万人になった。観

図表5-3 大理、麗江の受け入れ観光客数の推移（1994年～2000年）

（単位：万人）

時期＼都市名	大理	麗江
1994	249.96	47
1995	286.06	84.05
1996	324.53	112
1997	373.77	173.2
1998	433.79	201
1999	540.1	280.43
2000	525	290.37

図表5-4 大理、麗江の受け入れ観光客数の推移（2001年～2008年）

（単位：万人）

時期＼都市名	大理		麗江	
	総数	海外	総数	海外
2001	549.57	13.57	322.07	10.52
2002	596	14.5	337.51	14.84
2003	563.98	11.98	301.48	8.24
2004	604.57	13.58	360.18	9.21
2005	695.3	17.39	404.23	18.28
2006	786.56	20.93	460.09	30.87
2007	894.44	26.85	530.93	40.07
2008	953.31	31.67	625.49	46.58

図表5-5 大理、麗江の観光収入の推移（1999年～2008年）

（単位：億元）

時期＼都市名	大理	麗江
1999	20.69	15.87
2000	22.18	18.66
2001	25.56	22.69
2002	28.46	23.37
2003	28.28	24.04
2004	43.2	31.76
2005	49.47	38.59
2006	57.2	46.29
2007	66.24	58.24
2008	73.18	69.54

（以上いずれも各地の観光局のデータにより作成）

光収入は1995年に3.26億元で、2005年に38.58億元に達し、10.8倍の増加になった。観光による外貨収入は1995年の1070.6万米ドルから2005年の4,931万米ドルに増え、増加率にして3.6倍であった。特に、2005年に旧市街を中心とした古城区の受け入れ観光客は330.36万人で、それによる観光総収入は33.68億元で、それぞれ全市の81.7％と87.3を占めた。

(2) **財政収入への貢献**　観光業の発展を皮切りに60以上の部門も活発になった結果、2005年の地方財政収入は、4.22億元に達し、1995年の1.06億元に比べて、4倍に上がった。1995年に、麗江市の社会固定資産投資額は6.17億元であったが、2005年には8倍も増加し55.25億元になった。2001年以来、古城区の固定資産投資額は全市の50％を超え、「世界遺産」という付加価値の恩恵を裏付けている。

(3) **対外貿易への促進**　観光業が活発になるにつれて、麗江市の対外貿易も新たな段階を迎えている。1996年に麗江市では貿易会社が1社しかなく、対外貿易額が85万米ドルで、外貨獲得能力は雲南省の最下位であった、10年の発展を経て、2005年の時点で対外貿易額は1,586万米ドルまで増加した。

(4) **就職機会の創出と市民の収入増加**　統計によると、麗江では100人のうち、間接的か直接的かを問わず、16人が観光業とあるかかわりをもっている。観光業に落とす消費は100万元ごとに34.25人分の就職の機会を創出できるとされている。2005年に観光業は麗江市に11.6万人分の就職の機会を提供した。

　麗江市民の収入は13％が観光関連事業に頼っている。古城区では2005年に1人当たりの平均可処分所得額9290元で、1995年よりおよそ6000元増加した。町に限らず、農村の住民も恩恵を受けている。1995年に602元だった農民の純収入は、2005年には1.4倍増の1459元になった。2005年の古城区の農民平均純収入は2347.15元で、麗江市の平均レベルの倍以上に相当する。

(5) **産業構造の調整とまちづくりの増進**　観光業の発展は有効に農業に従事する労働力を吸収し、地方の産業構造を変化させた。1995年当時、産業構造において、農業、工業とサービス業が占める割合は、ぞれぞれ41.1％、26.4％と32.5％であったが、2005年にはその割合は23.8％、27.9％と48.3％になり、農業とサービス業に携わる人の比重が逆転し始めた。現時点で麗江の産業構造

におけるサービス業の割合は50％近くとなり、雲南省平均の39.4％よりも進んでいる。

　新市街と旧市街は持ちつ持たれつの関係にある。古城の観光客の増加と伴って、経済が発展し、街の規模も大きくなっていく。極度の観光化を防ぐために、一部の都市機能を新市街へ移転させる必要が生ずる。その過程で「世界文化遺産」に相応しい魅力づくりがさらに進み、新市街への外資誘致等も促進されるわけである。

　大理州を追い越そうという勢いからも、熊副庁長の話からも、世界遺産登録による波及効果と各業界の関係者の涙ぐましい努力が伺われる。

5　「麗江様式」の本質と成功条件

1　「麗江様式」の本質

　麗江の古い町並みの保護と経済の持続可能な発展を実現するために、ユネスコは麗江を含む8つの遺産都市を選び「文化遺産の管理、観光業及び遺産地管理者の間の協力方式」[11]プロジェクトを実施した。2001年10月に麗江で開催された「アジア太平洋地域におけるユネスコの文化遺産の管理に関する第5次年会」では、このプロジェクトは「麗江様式」と呼ばれるようになった。内容は①麗江古城における保護管理機構の強化、②伝統的な民族文化の振興奨励、③住民や観光客を対象に展開する文化遺産の重要性の宣伝、④古城での商業活動への規制と管理、というものであった。

　2004年に「中国・麗江世界遺産フォーラム」が麗江で開催された。観光開発と文化遺産地の文化の保護とはまったく対立する構図になるとは限らないという共通認識が得られたとして、プロジェクトの成果が参加者から高く評価された。このフォーラムで「麗江様式」を成功例として更に次のようにまとめた。

　第1に、保護第一の原則を堅持し、保護と利用との関係を正しく調整する。麗江は合理的な資源開発で観光の発展を遂げ、安定した十分な資金源を作り各保護プロジェクトの実施を確保することに成功した。

　第2に、遺産保護と観光業との関係を調和の取れた方向へ導く。観光業の発

展は遺産保護に必要な資金を提供し、遺産の保護はまた観光業の更なる発展を推進する。

　第3に、「人間本位」の理念を掲げ、地元住民と観光業に従事する人々を対象に教育の場を設け、その自覚性と保護意識を高める。

　第4に、各関係者の利益も重視し、win-winの関係の実現を図る。住民も経営者も管理者も保護と開発の過程で恩恵を受けるべきであるとして、利益もリスクも共有する。

　上述したように、「麗江様式」は遺産をもつ地方がともに抱える問題の解決に着目し、世界の識者が幅広く意見を交換した上で導かれたモデルである。したがって、普及する価値を持っている。ただし、その様式は従来の文化保護の蓄積を有する必然性と大地震による再構築に直面する偶発性を背景に取られた発展モデルであり、部分的に参考になるべきところがあっても、その経験があらゆる遺産保護のモデルとなるわけではないであろう。

2　「麗江様式」の成功条件

　では、「麗江様式」の成功条件は一体どこにあろうか。総括すれば、次のように考えることができよう。

　第1に、固有の価値に加えて世界遺産登録という付加価値がついたことである。

　麗江は歴史上で少数民族地域における漢族文化の流入地点であったために、漢族文化と土着文化の入り交じった町並みが残る。この町では文化も風景も素晴らしく、学問に励む学者やノスタルジアを求める旅人など多様なニーズに応えられる。これらの固有価値に、さらに国家歴史文化名城や世界遺産などの格付けを加えられ、付加価値が付く。1つの地方だけで、世界文化遺産（古城）、世界記憶遺産（トンバ文化）や世界自然遺産（三江並流景観）をもつ地域は世界的にも稀であろう。観光客は格付けだけをみて旅に出るわけではない。しかし、宣伝効果に限っていえば、格付けによる波及効果が大きいものである。麗江の固有価値に基づく付加価値は、その知名度向上に重要な役割を担っていると考える。

第2に、インフラの整備と交通の便利化である。

1995年に開通した空港では便数はそれほど多くなかった、陸上で麗江に行くには、大理を経由する必要があり、昆明から大理までの区間では高速道路が利用されていたが、大理と麗江の間には高速道路がなかった。世界遺産登録後の麗江は有識者の弛まぬ努力で、世界的に有名になっただけではなく、アクセスもさらに改善され、麗江行きの1日あたりの便数は雲南省内で第1を数えるほどの盛況である。交通の便利はいい循環が生まれ、一層麗江の観光客誘致に寄与している。

第3に、民俗文化の担い手となるキーパーソンの存在である。

現代人に快適を求める傾向が強く見られるまで、よその文化による固有文化への衝撃は小さかった。しかし、住民が豊かになるにつれて、伝統を守り抜く必要性も生じている。保護の面において、朱良文教授と和志強故省長をはじめとする有識者は立役者であった。彼らは麗江の固有文化の保護に対する執念と情熱をもっており、それぞれ自分の立場で物事を考え、決断し、麗江を大地震以外の「破壊的危機」から救った。彼らの努力は観光開発における麗江の基盤をさらに強固なものにした。

一方、文化の担い手や継承者として登場した文化人の存在も無視できない。トンバ文化の権威「老東巴」[12]（ラォトンバ）は「生きている唯一の象形文字」といわれる東巴文字を人々に分かりやすく紹介し、学問の分野から一種の観光資源に切り替えることに成功した。それに合わせ、学者たちは読解・翻訳に携わり、『東巴古籍』を世界記憶遺産の登録へと成功裏に導いた。そのうち、特定の人間の名前を広く知られるという意味で、宣科氏のナシ古楽は、無形文化ではあるが、最も注目されているので、多少触れておきたい。

「ナシ古楽」は麗江の支配者だった木氏が中原地域から取り入れた唐の時代の宮廷音楽であり、ナシ族の知識人や裕福な階層の人々によって保存されてきたものである。最初は宮廷音楽よりも、道教の儀礼音楽として麗江で演奏されていた。1949年以降、徐々に宗教活動から日常生活で楽しむ形態になり、老人の誕生祝いや新築祝い、葬式などの場でも演奏された。「文化大革命」の10年間で演奏者が迫害を受け、楽器や楽譜も破壊・焼却された[13]。

言うまでもなく、ナシ古楽を危機から救った人物は宣科氏のみではなかったはずである。しかし、宣科氏はうまい話術と流暢な英語を武器に、自分たちの娯楽だったナシ古楽を市場化することにより、ナシ古楽の継承に十分な資金を調達するのみならず、麗江の世界文化遺産の申請にも大いに貢献したと言われている。日本の制度でいえば、宣科氏は中国の人間国宝の１人のような存在である。

　第４に、活発な対外交流と外国メディアの宣伝による効果である。

　麗江は様々なルートで宣伝し、知名度を向上させる努力をしている。従来の政府主導の相互交流よりも、ここで特筆したいのは宣科氏が率いる古楽会の公演である。宣科氏の古楽会は江沢民をはじめとする多くの中国共産党政治局常務委員の前で演奏したことがあり、外国の元首・首脳などの要人のためにも演奏した実績もあり、麗江の顔といっても過言ではない。

　1993年の北京公演は国内における宣伝の第一歩で、大成功であった。その準備段階から、宣科氏は中国音楽学院、中央音楽学院と中央楽団を拠点にし、ナシ古楽に関する講演を行った。1999年にまた第１回「国際トンバ文化芸術祭」に合わせ、流暢な英語と見事な話術で国内外の観光客を魅了し、「観光資源」としての古楽の不動の地位を築いたのである。外国の政府要人が雲南省を訪れる度、ほとんどの場合は麗江にくる。ここ数年の傾向を見ると、中国共産党最高指導部である政治局常務委員も麗江を視察する機会が多く、宣科氏はまた対応の一翼を担い、古楽の発信により麗江を精力的に宣伝している。統計によると、1995年から2002年までのわずか８年間、古楽会は14カ国で公演を行うという快挙を成し遂げた。

　一方、対外的な宣伝となると、自国の宣伝よりも外国メディアの貢献のほうが大きいと思われる。日本のメディアだけでも「世界ウルルン滞在記」、「世界ふしぎ発見」などの番組を中心に２, 30回麗江で取材していた。その風景と文化を多角度から紹介し、宣伝に貢献した。この傾向はいまでも続く。

　麗江の発展はいくつかの段階を経てきたものであり、それぞれ深い関連性をもっている。そのうち、有識者のキーパーソンによって、固有文化を再認識する機運が高まり、住民参加の町作りが可能になったのである。これを踏まえ、

世界遺産登録という明確なゴールに向けた努力がなされていた。世界遺産登録は観光開発にとって格好の格付けであり、まさにその大切な時期に大地震が襲った。危機状態からの打開策として、地方ではより開放的な政策を取り、世界遺産の申請を視野に入れ、観光客を受け入れる土台を着実に作っていた。地震のことを逆手に取り、麗江の知名度を高める出発点にした。

このように、多重な要素が重なり相互に影響して、「麗江様式」の形成につながったと考えられる。

6　おわりに

観光資源が多い麗江でも、市内の交通や自然保護区などの制限により、観光客がよく足を運ぶ目玉コースは、古城、玉龍雪山とトンバ象形文字、ナシ古楽観賞である。雄大な自然や落ち着いた町から、現代人が忘れかけた牧歌的な情緒さえ垣間見ることができる。観光資源の最大活用という意味で、麗江の実績は否定できない。

数年前までの麗江にとって、賑わいよりも、のどかさが売り物であった。観光客の増加と知名度の向上に伴い、よそから商売人が殺到し、町は深夜でも騒々しい娯楽の場に化してしまう。麗江は相変わらず古城の保護に力を尽くしているにもかかわらず、世界文化遺産の裏側にある重要な要素である住民の転出防止には政策的な限界が見えてくる。そして、脈々と受け継がれてきた文化も世代交代の試練を受けようとしている。トンバ文字はいまでも伝承館を通じて伝授されている。極端にいうと、学問的な分野と商品化可能の分野を峻別したら、芸術的な符号として多少ずれても被害をもたらさない。ところが、ナシ古楽の顔となる80才近い宣科氏が亡くなった場合には、ナシ古楽の魅力も削がれてしまうに違いないであろう。筆者は何度もナシ古楽を聞いた。英語と軽妙なしゃれ（すなわち、国内外にわけて対応できる絶妙なすべ）ができる宣科氏が不在の場合には、観光客の数と反応も大いに違う。格式ばった音楽鑑賞を目的とする入場者が少ない現実では、観光開発へのナシ古楽の有効活用の利用法について対応策を講じておく必要があるように思える。

第**5**章　中国の世界遺産「麗江古城」と観光

　そして、地元住民のみならず、麗江を訪れた経験のある人のうち、やはり昔の雰囲気の方がよかったと話す人々もいる。観光化した現在の麗江は、ユネスコからイエローカードを示されている。経済発展する中国が、麗江を含め、どのように固有の文化を保護しながら、観光資源に活用するのか、更に考えていく必要があろう。

1）　中国では、ほとんどの場合には、中央レベルで日本の「省」に当たるのが「部」といい、「県」に相当する「省」レベルでは「庁」になり、そして行政レベルと関係なく、直轄市も含めたすべての市と県では、「部」の対応機関は「局」と呼ばれる。
2）　麗江市人民政府はもともと雲南省人民政府の地方での派出機関として、麗江行政公署と呼ばれ、それに合わせて麗江は俗称で「麗江地区」という。麗江の所管範囲は1960年代に現在より広かった。隣の民族自治州の設立など行政再編により、チベット族やペー族が主流になった県はすべて麗江から切り離されて、民族の種類に応じて既存の自治州に編入したか新しい自治州をつくった。その後、麗江地区の管轄範囲は変わらなかったが、行政単位として1つ増えた。これは、2002年に麗江は「行政公署」から「市」へと変わる過程で、それまで「麗江ナシ族自治県」と呼ばれた行政単位は、「古城区」と「玉龍ナシ族自治県」に二分されたためである。なお、古い街並みは「古城区」にあり、1997年世界遺産に登録された頃にまだ旧称「大研鎮」が使われていた。
3）　唐や宋の時代に始まり、明や清の時代に栄えた交易ルートであり、四川省やチベットを結ぶ「川蔵ルート」と雲南省やチベットを結ぶ「滇蔵ルート」の2つあった。チベット経由でさらにブータン、ネパールやインドに延びていた。「滇蔵ルート」は雲南省の普洱（プーアル）茶の産地の普洱から始まり、麗江、大理やシャングリラを経てチベットに延びていた。沿線の主要拠点では、四川省や雲南省のお茶、チベットの麝香とインドの宝石や香料などが取引されていたといわれている。
4）　李錫「麗江古城の世界文化遺産の申請に関する活動概要」『麗江年鑑』雲南民族出版社、1997年、393頁-395頁。
5）　段松廷「1997年麗江古城世界文化遺産に登録」『麗江年鑑』雲南科技出版社、1998年、299頁。
6）　同上。
7）　高山陽子『民族の幻影――中国民族観光の行方』東北大学出版会、2007年、9頁。
8）　和自興「力を合わせ、再建に取り組み、もっときれいで豊かな麗江を21世紀へ導け」『麗江年鑑』雲南民族出版社、1997年、41頁。
9）　李錫「麗江古城の世界文化遺産の申請に関する活動概要」『麗江年鑑』雲南民族出版社、1997年、393-395頁。
10）　雲南省人民代表大会常務委員会公告33号として2005年12月2日に公布され、2006年3

月1日より施行された。条例は35条からなっている。
11) フィリピンのビガン、ベトナムのホイアン、スリランカのキャンディー、ネパールのバクタプール、ラオスのルアン・パバンなど、いずれも似た文化的な背景を持っていると思われる。
12) トンバ教における男性祈祷師を「トンバ」(東巴)といい、現状では年配のかたが多いこともあり、尊敬の気持ちをこめて「老東巴」と呼ぶ。
13) 宗婷婷 第6章「民族音楽のゆくえ」山村高淑ほか『世界遺産と地域振興——中国雲南省・麗江に暮らす』世界思想社、2007年、132-133頁。
14) 1986年に宣科らの古楽会は初めて観光客向けに無料で週に一回程度の非公式演奏会を行った。1987年6月2日に定期有料コンサートに変更した。観光客の口コミで古楽会の評判が国内外へと広がっていった。聴衆の増加とともに、古楽会の収入も急増している。2000年に古楽会は「宣科ナシ古楽文化有限会社」という企業に変貌し、組織の運営体制は大幅に変更が図られた。宗婷婷 第6章「民族音楽のゆくえ」山村高淑ほか『世界遺産と地域振興——中国雲南省・麗江に暮らす』世界思想社、2007年、135頁、140-141頁。
15) 前掲書、137頁。
16) 筆者は取材案内の仕事をしてよく日本の取材班に同行する。例えば、2006年8月頃、名古屋テレビの企画により、東儀秀樹氏と前掲書の著者の一人である宗婷婷が茶馬古道沿道の音楽と日本の雅楽を比較するために、麗江を訪ねた。なお、『単騎、千里を走る』を撮影した高倉健氏のドキュメンタリーを制作するための番組、中井貴一氏の紀行番組など有名人が関与したものも少なくない。

参考文献
日本語
高山陽子『民族の幻影——中国民族観光の行方』東北大学出版会、2007年
山村高淑、張天新、藤木庸介『世界遺産と地域振興——中国雲南省麗江に暮らす』世界思想社、2007年
中国語
邓立木責任編集『麗江年鑑』雲南民族出版社、1997年
袁莎責任編集『麗江年鑑』雲南科技出版社、1998年
『重慶日報』
『光明日報』
『江門日報』

第6章
21世紀における遺産保護

安江　則子

1　はじめに

　世界遺産条約の採択から40年を経た今日、遺産の保護にどのような課題や方向性が示されているのであろうか。1994年にタイのプーケットにおける世界遺産委員会で採択された「グローバル・ストラテジー[1]」により、地理的・時代的不均衡を是正しバランスのとれた世界遺産リストの作成が求められるようになった。この不均衡の是正という要請は、世界遺産を新たな角度で捉えるとともに、より緩やかな基準で多様な人類の文化を保護することのできる2003年の無形文化遺産条約の採択へと展開をみせた。

　本章では、世界遺産と無形文化遺産保護における21世紀的な視点と保護体制における課題を扱う。第1に、近代化の象徴である産業遺産の増加である。近代化を歴史の文脈で捉えその足跡を保存する活動がはじまっている。日本では地域活性化を目的とした独自の近代化産業遺産の認定も始まった。第2に、シリアル・ノミネーション、特に人為的な国境線を越えた遺産の登録と保護への課題である。第3に、無形文化遺産条約による遺産の認定や保護を扱う。第4に、いわゆる危機遺産を保護するための国際的な協力体制である。最後に、グローバル化と技術革新の時代において、遺産を取巻く新たな課題について触れたい。

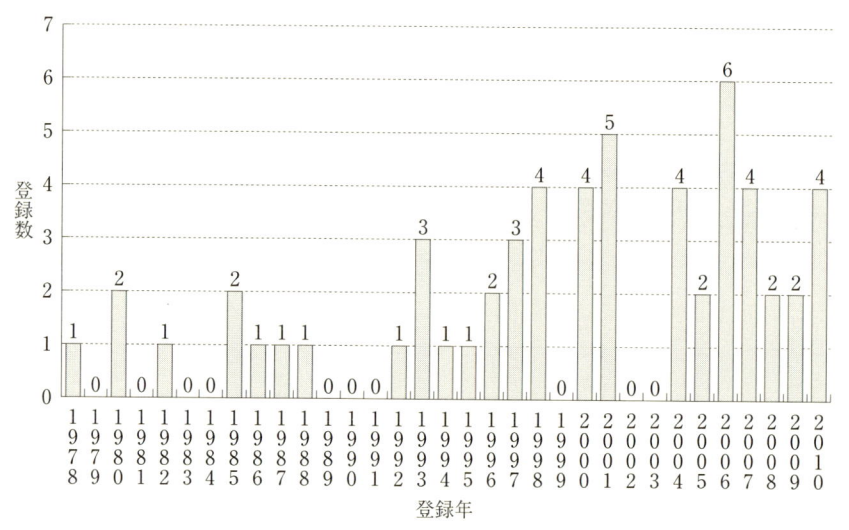

図表6-1　世界遺産リストにおける産業遺産数の推移

出典：(社)日本ユネスコ協会連盟、『世界遺産年報2008』日経ナショナルジオグラフィック社、2008 p.18をもとに著者作成。

2　近代化遺産への視点

1　産業遺産・近代化遺産の増加

　世界文化遺産については、有史以前の遺跡から20世紀になって建造された建物群など様々な時代の遺産が認定されている。21世紀に入ってからの1つの傾向として、18世紀の産業革命を起点とする近代以降の遺産登録が増えてきたことがあげられる。

　近代化遺産あるいは産業遺産（industrial heritage）と呼ばれる遺産の定義は、世界遺産条約ではなされていないが、イコモスの下部団体で産業遺産を研究する産業遺産保存委員会（TICCIH）[2]は、2003年にロシアのニジニータギルにおいて産業遺産憲章（通称ニジニータギル憲章）を採択している。この憲章において、産業遺産とは、「歴史的・技術的・社会的・建築学的あるいは科学的価値のある産業文化の遺物からなる」と定義されている。具体的には、建物、工場、

鉱山、倉庫、発電所、住宅、教育施設、放送局、病院、オペラハウスなどが含まれる。近代化・工業化を歴史の中で位置づける新たな試みだといえる。

1978年に最初の産業遺産としてポーランドの「ヴェリチカ岩塩坑」が登録されたのをはじめ、約50以上の産業遺産が世界遺産として登録されている。地理的・時間的バランスの考慮を促す「グローバル・ストラテジー」の影響もあって、産業遺産の登録数は増加を示す。例えば、文化遺産の少ないオーストラリアでは、1979年に竣工した「オペラハウス」が2007年に世界遺産登録された。また南米では鉱山遺跡が数多く登録された。

図表6-2　地域別の世界遺産登録数（全911件）
[2011年1月現在]

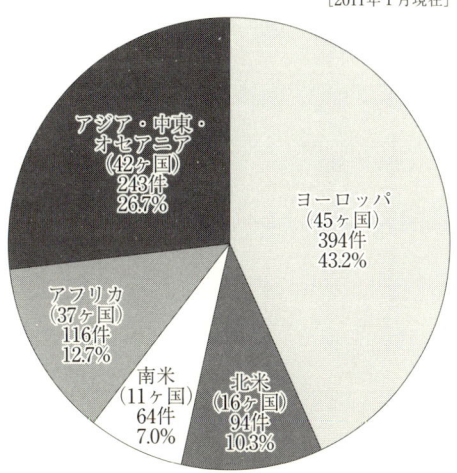

- ヨーロッパ（45ヶ国）394件 43.2%
- アジア・中東・オセアニア（42ヶ国）243件 26.7%
- アフリカ（37ヶ国）116件 12.7%
- 北米（16ヶ国）94件 10.3%
- 南米（11ヶ国）64件 7.0%

注：ユネスコによる地域の分類とは異なる方法で表示。

もっとも、より均衡のとれた世界遺産リストを目指す動きの一環として進められた産業遺産の登録であるが、かならずしもその目的は遂げられていない。産業遺産を最も多く有する国は、産業革命発祥の地イギリスである。製鉄所と人類初の鉄橋を含む「アイアンブリッジ峡谷」（1986年）に代表される産業革命時代の遺跡はその約70%が欧州に集中しており、地理的バランスをとる効果は期待されたほどではなかった。

また、欧州以外の地域から登録されている産業遺産も、欧州諸国との関係が深いものが多い。インドが登録した「インドの山岳鉄道」（1999年、2005年追加登録、ダージリン・ヒマラヤ鉄道、ニルギリ鉄道、カルカ・シムラ鉄道からなる）も、紅茶のプランテーションと避暑地を結ぶイギリス植民地時代の産物である。メキシコの「リュウゼツラン景観とテキーラ産業施設群」（2006年）は、メキシコ先住民の栽培していたリュウゼツランと、スペインの蒸留技術が一体化して誕生したテキーラの醸造所とその原料であるリュウゼツランの栽培地が歴史的価

値を認められて登録された。そのほか中南米に多く見られる鉱山遺跡も旧宗主国である欧州との関連が深い。アフリカでは植民地関連や奴隷収容施設が近代化遺産となっている。

　近代化遺産・産業遺産の登録は今後も増加すると思われるが、それは近代化の歴史を21世紀視点から捉え直すことにつながる。

2　負の遺産と20世紀建築

　「産業」に含まれるかどうか異論はあろうが、近代化遺産の一部として歴史的な特徴をもつのが「負の遺産」である。セネガルの「ゴレ島」(1979年)は奴隷貿易の拠点であった。ユネスコでは、8月23日を毎年「奴隷貿易とその撤廃を記念する国際祝日」とし、記念行事を開催している[3]。また近年、新大陸のアフリカ系の人々によるルーツを探る旅の増加がみられ、こうした遺産の再評価へとつながっている。その他、南アフリカのアパルトヘイト下の流刑地「ロベン島」(1999年)やモーリシャスの「移民収容所」(2006年)、さらにポーランドの「ナチスドイツによる強制収容所」(1979年)、「広島平和記念館」(原爆ドーム、1996年)などが負の遺産にあたる。広島平和記念館の登録にあたってアメリカは、第二次世界大戦終結に至る歴史的視点が欠けているとして不支持を表明、また中国は賛否を保留した。2010年には日本漁船も被爆したマーシャル諸島共和国の「核実験場ビキニ環礁」が文化遺産として登録された。国連信託統治下にあった1946年から58年、アメリカにより67回の核実験が行われた場所である。負の遺産という言葉は世界遺産条約の運用における公式用語ではないが一般的な呼称としては定着し、世界遺産の1つのカテゴリーを構成している。

　また、1994年のグローバル・ストラテジーにおいて、「文化的景観」や「産業遺産」と並んで特に研究が進んでいる領域として「20世紀の建築」が挙げられている。20世紀建築は、広義においては産業遺産・近代化遺産に含めることもできよう。欧州では1988年に、モダンムーブメントと呼ばれる建築の記録調査や保存のための国際組織ドコモモ（DOCOMOMO）[4]が設立され、その後それが世界的に広がった。ドコモモは、20世紀に造られた都市や建造物を文化遺産として認定することを求め、そうした物件が世界遺産に登録される機会も増え

第6章　21世紀における遺産保護

た。第二次世界大戦で壊滅したフランスの都市「オーギュスト・ペレにより再建された町ル・アーブル」（2005年登録）は、建築家の名前が直接に世界遺産の名称に入れられた珍しい例である。「メキシコ国立自治大学中央大学都市キャンパス」は、20世紀モダニズム建築に

メキシコ国立自治大学中央大学都市キャンパス

メキシコ先史時代の芸術を融合させた社会的・芸術的価値が認められた。ドイツの「ベルリンの集合住宅群」（2008年登録）は、ブルーノ・タウトなど複数の建築家がつくった6つの建造物で、労働者のための快適で環境に配慮した革新的な住居であることが評価された。

このように20世紀建築には、より以前の歴史的な建築のような優美さや壮大さという視点からはなく、社会政策的な意味合いや環境への配慮、征服された歴史をもつ先住民の民俗性の象徴といった潜在的な価値が評価されていることが興味深い。

3　日本の産業近代化遺産

2007年に世界遺産登録された「石見銀山遺跡とその文化的景観」は、文化的景観として評価されたことに加えて、産業遺産としても位置づけられる。16世紀後半のこの遺産は、銀の採鉱形態の特殊性、特に灰吹き方式と呼ばれる環境負荷の少ない採掘方式、また産出された銀が当時アジアのみならずヨーロッパにまで伝播していたことが証明されたことの歴史的意味などから顕著な普遍的価値が認められ世界遺産登録された。熱心な郷土史研究家の活動が、史料や遺跡の保存状況の良好さにつながり、世界遺産への登録に有利に働いたといわれる。世界遺産としては比較的地味な遺跡であるが、登録後は飛躍的に観光客の

増加をみた。

　また、2007年に暫定遺産リストに載った「富岡製糸場と絹産業遺跡群」では、世界遺産となる可能性を地元住民が知ったことで、忘れられていた地域史を見直し、新たな地域振興への足がかりとして積極的な保護活動が始まった。暫定リストに登録される2年前の2005年、工場は民間から富岡市へと寄贈されて「史跡」指定を受け、さらに翌2006年には重要文化財の指定を受けている。地元でも省みられなくなっていた近代日本を象徴する施設が、世界遺産という国際的視点から再評価されることは地域住民にとっても驚きであったという。映画にもなった女工哀史という観点では負の遺産としての側面もある。

　産業遺産や近代化遺産を、地域振興のために利用しようとする動きも多い。自然遺産や近代以前の文化遺産の容易な観光地化が遺産の価値を失わせるリスクを伴うのに対して、近代化遺産や産業遺産はそうした問題が比較的少なく、地域振興を前面に出しやすい。

　日本では2007年、地域振興の観点から経済産業省が「近代化産業遺跡群」として、33件の遺跡群を認定遺産とし、翌年にも新たに続33件として認定を行っている[5]。ここでいう近代化産業遺跡とは、幕末から戦前までの産業遺産のことである。

　日本のこうした政策は、世界遺産委員会において産業遺産・近代化遺産の登録が増加している傾向に影響されて発案されたと考えられるが、世界遺産条約リストに含まれる産業遺産と、日本独自の認定にどのような相違があるのだろうか。

　第1に、世界遺産条約では、登録できる遺産は建造物など不動産に限られるが、日本の近代化産業遺産では、画期的な製造品やそのために用いられた設備機器、関係文書など多様な物件を対象とする点が異なる。産業の発展過程として革新的な役割を果たした産業遺産を対象とし、関係企業の協力を促している。特に製造業の発達の歴史に光を当てるものが多い。また明治期に建造された由緒ある各地のホテルなどが選定されている。

　第2に、経済産業省の政策は、日本の近代化遺産への一般の認知度を高め、地域経済の活性化を図ることを主要な目的としている点で世界遺産条約とは異

なる。役割を終えた工場などの近代化遺産を再活用し、あるいは現役で稼働させながら見学者を入れることで観光収入を得ることができる。また地域史や産業史のストーリーを組立てることによって、地元の人々の意識を高めて地域振興に役立てようというのである。

2009年に暫定遺産リスト入りした「九州・山口の近代化産業遺跡群」には、日本の近代化において重要な役割を果たした薩長を結ぶ地域の歴史に光をあてることで、地域活性化への期待が寄せられている。地理的に離れていても同じ歴史文化圏に属していれば、近代化遺産を一括したストーリーの中で説明することが可能となり、九州全域の地域振興が期待されている。こうした複数の資産を一括して扱う遺産の申請は、シリアル・ノミネーションと呼ばれている。ただしこうしたストーリーに基づく申請には、顕著な普遍的価値に欠けた物件も含められる場合も多く評価が厳しくなることもあろう。シリアル・ノミネーションについては次節で扱う。

3　国境を越える世界遺産とシリアル・ノミネーション

1　国境を越える遺産

同一国家内であるか否かにかかわらず、地理的に離れた複数の遺産をまとめて1件として登録することをシリアル・ノミネーションという。ユネスコでは「世界遺産条約履行のためのガイドライン[6]」に従い、連続した遺産を、次の3つの分類にそって評価している。①同一の歴史・文化に属するもの、②地理的区分を特徴づける同種の資産、③同じ地質学的、地形学的形成物または同じ生物地理区分、同種の生態系に属するものである。

自然遺産は本来、人為的な国境線に関わりなく広がっており、国際的な保護のための協力の必要性は高い。世界遺産条約以前にも、自然環境保護のための国境を越えた協力として、アメリカとカナダに間の「ウォータートン・グレンシャー国際平和自然公園」(1932年) などの試みが存在した。この公園は1979年に国境を越える自然遺産として両国から同時に世界遺産登録された。

また、ベラルーシとポーランドの国境地帯には、「ベラヴェシュスカヤ・プ

ーシャ／ビャウォヴィエジャ・フォレスト」(1979年にポーランド、92年にベラルーシが登録) と呼ばれる森林地帯が広がっているが、ここには一時は絶滅しかけたヨーロッパ・バイソンが生息している。ロシア革命後、野生種は絶滅したが、ヨーロッパ諸国に贈られていた同種のバイソンを野生に戻し繁殖に成功し、その後両国間での保護への取組みが継続している例である。しかし両国間の関係などで、別個の遺産として登録されていることも多い。アルゼンチンとブラジル両国間の壮大な滝で有名な「イグアス国立公園」(1984年、1986年) は生態系も同じであるが、同名で別個に登録されている。国境をまたぐ自然遺産を、共同で保護管理する体制の構築の必要は、生物多様性条約[7]や、渡り鳥を保護するためのラムサール条約[8]とのかかわりなどからも高まっている。

　また文化遺産についても、民族や文化の伝統が現在の国境線と一致しない場合などの理由で、国境をまたいで広がる遺産が多く存在し、共同研究および保護管理体制の確立が求められている[9]。こうした文化遺産も別個登録されているケースが多い。ユネスコは、こうした遺産については、関連する国家間での共同研究や管理体制における協力促進を奨励している。有名な「サンティアゴ・デ・コンポスティーラ」もスペイン (1985年) とフランス「フランスのサンティアゴ・デ・コンポスティーラの巡礼道」(1998年) で別々に登録されている。スペインの遺産は、巡礼路とその通過点である街が比較的よく保存されているのに対して、フランスの方は都市開発が進んで世界遺産に含まれる資産は限定されているなどの相違があり、友好国の間でも共同管理体制をつくるのは困難なこともある。

　アジアでは、紀元前1世紀から紀元後7世紀にかけて繁栄した古代国家、高句麗の遺跡がやはり中国 (高句麗王国首都と古墳群) と北朝鮮 (高句麗古墳群) で2004年に別々に登録された。両国の歴史認識の相違などから合同で登録するには至らなかった。カンボジアとタイの国境線にあるアンコール時代の遺跡「プレア・ヴィヘア寺院」は、2008年にカンボジアから登録されているが、地形の関係で入口はタイ側にあるため紛争の種になっており、登録された年には武力衝突にまで発展した。国境をまたぐ遺産を、関係国が共同で調査研究、管理運営することが望まれているが、様々な事情から実現は難しい。

2 シリアル・ノミネーションの可能性と課題

　自然遺産と異なり、文化遺産は、「面」で捉えられるとは限らない。「点在する遺産」が、上記のような同一の区分で捉えられるのであれば、それらを1つの世界遺産として登録することは可能であるし、またユネスコもこうした方向性を歓迎している。

　2005年に「ローマ帝国の境界線」という名称に変更された文化遺産は、イギリスとドイツ両国に点在する遺産からなる。当初1987年にイギリスが「ハドリアヌスの長城」として登録したローマ帝国の遺産に、2005年になってドイツのドナウ河からライン河に至る城砦や要塞「リーメス」が追加され、「ローマ帝国の境界線」とされた。さらにイギリス側からは新たに「アントニヌスの長城」が追加されている。今後、周辺諸国が関連する同一歴史文化圏の遺産を追加登録させていくことが考えられている。他方で、シリアル・ノミネーションについての問題点も指摘されている。同一の歴史文化圏に属するとしてまとめて申請される遺産には、顕著な普遍的価値に欠ける物件が含まれてしまうこともあり得る。連続する遺産をどう評価していくのか新たな課題といえる。

　また2009年の世界遺産委員会では登録が認められなかった「ル・コルビジュエの建築群と都市計画」は、点在する建築家の作品を一括登録しようとするもので、国境を越える遺産の新たな形式となる可能性もある。2007年に日本からも「西洋美術館本館」がル・コルビジュエの作品として暫定リストに登録された。2009年の世界遺産委員会では、フランスが世界6カ国に点在する22の作品を取りまとめて推薦書を提出したが、登録には至らず、「情報照会」という結果になった。高名な建築家のかかわる既存の世界遺産は、スペインのバルセロナの「アントニオ・ガウディの作品群」（1984年、2005年拡大登録）や、ルシオ・コスタとオスカー・ニーマイヤーの設計によるブラジルの首都「ブラジリア」（1987年）など10件を越えるが、これまでに登録された建築家の遺産はすべて一国による申請であった。異なる国に点在する建築物を一つの世界遺産として登録するためには、これらの遺産をどう保護していくのか共同研究や管理体制の構築が求められている。

4 無形文化遺産の保護

1 無形文化遺産保護への歩み

21世紀に入り、ユネスコは世界遺産条約ではカバーされていない新たな文化遺産の保護に着手した。2003年、「無形文化遺産条約」が採択され、2006年に発効した。

世界遺産のような有形の文化のみならず、工芸や芸能などの無形文化を国際的保護の対象とすべきだという議論は早くからあった。南米のボリビアは、世界遺産条約締結の翌年にあたる1973年、すでに民間伝承の文化的価値を国際的に認めるよう提案していた。実際には、世界遺産条約が有形の遺産の国際的保護を開始してから、無形文化遺産の保護にユネスコが開始するまで30年近い時間がかかった。世界各地で伝承される工芸技術・芸能などの「生きた遺産」は伝承者がいなくなれば消滅していく。日本では、伝統工芸や芸能、人間国宝など無形文化財を保護する伝統があり、1950年の「文化財保護法」も無形文化を保護の対象としているが、国際社会では一般的とはいえなかった。

ユネスコによる無形文化遺産保護への取り組みは、まず「伝統文化と民間伝承の保護に関する勧告」(1989)[12]で示された。ようやく無形文化も、「国際公共財」として認識されるようになった。その後ユネスコは、2001、2003、2005年と3回にわたって「人類の口承および無形遺産に関する傑作宣言[13]」を発してきた。2005年までに、世界70カ国以上から90件の「傑作」が宣言された。2005年に無形文化遺産条約が発効すると、この90件の傑作がまず、無形文化遺産として「代表リスト」に登録された。

傑作宣言は、無形文化を、①民衆の表現あるいは伝統的表現の形式、②「民衆の伝統的文化活動が集中した形で行われる場所」と定義される文化的空間の2つに分類していた。さらに以下の6点が考慮された。①人類の創造性を示す傑作として、顕著な価値をもつこと、②当該社会の文化的な伝統または歴史に根ざしていること、③当該社会の文化的独自性を発揮する手段としての役割を果たしていること、④技術の実践及び技術的特質において卓越していること、

⑤生きた文化的伝統の類なき証となっていること、⑥保護手段の欠如または急速な変化の進行により、消滅の危機に晒されていることである。「傑作」の申請に関しては、対象となる無形文化を保護するための行動計画の策定が加盟国に求められた。

　傑作宣言には日本からは、歌舞伎、能楽、人形浄瑠璃文楽が登録された。しかし、他国の無形文化遺産と比較するとやや性格が異なっている。日本では無形文化遺産として人間国宝などの伝統から社会的評価や知名度の高く、興業的にも成立しているものが選出されたが、西欧諸国はオペラなど定評ある文化ではなく、民衆の生活に根差した祭礼などを登録している。日本の無形文化保護の伝統は世界に誇るべきものではあるが、ユネスコの無形文化遺産条約が保護の対象としたものは、むしろ放置すれば消えてしまうような無形文化である。

　無形文化遺産条約は、第2条で「無形文化遺産」とは、「慣習・描写・表現・知識及び技術ならびに関連する器具・物品・加工品及び文化的空間であって、コミュニティ、集団、場合によっては個人が自己の文化遺産の一部として認めるもの」と定義している。条約では次のように分類されている。①口承による伝承および表現（無形文化遺産の伝達手段としての言語を含む）、②芸能、③社会的習慣、儀式および祭礼行事、④自然および万物に関する知識および慣習、⑤伝統工芸技術である。

　2009年11月、アラブ首長国連邦のアブダビで開催されたユネスコの無形文化遺産政府間委員会で、傑作宣言から無形文化遺産のリストに転記されたものに加えて、新たに28カ国76件の無形文化遺産の登録が決定された。新たに登録された日本の無形文化遺産は、雅楽、アイヌ古式舞踊、京都祇園祭の山鉾行事、奈良の題目立、小千谷縮、日立風流物、甑島のトシドン、石州半紙、奥能登のあえのこと、早池峰神楽、秋保の田植踊、チャッキラコ、大日堂舞楽の13件で、先に登録された3件と合わせて16件となった。最初に登録されたものと比べると知名度は低いが、より地方色豊かな伝統の技能に支えられたものが多く、保存の必要性はより高いものである。最も多く登録したのは中国で22件、日本はそれに次いで2番目に多い登録件数であった。

　2010年秋に開催される政府間会議を前に、申請物件が多すぎたために審査が

追いつかず、審査対象からはずされる案件がでることが決まった。日本の秋田のナマハゲも審査が見送られた。世界遺産と異なり、無形文化遺産の審査基準は比較的緩やかであるため、多くの申請が集中したためといわれる。

2　世界遺産条約との相違

すでに述べたように世界遺産条約と無形文化遺産保護条約は相互に関連性が高いが、対象となる遺産の評価や条約の実施体制に関して大きく異なっている点がある。

第1に、無形文化遺産が世界遺産と大きく異なるのは、登録の審査において「顕著な普遍的価値」が要求されないことである。無形遺産保護の目的は、世界遺産に匹敵するような文化財をもたない国や地域の住民も、自らの文化的アイデンティティを確認することにあり、文化間の階級性といった考え方をできる限り排除することにある。「傑作宣言」の段階では、人類の創造性を表す傑作として、「顕著な価値」を有することが求められていた。しかし、無形文化遺産保護条約では、議論の末、世界遺産に匹敵する有形文化遺産をもたない国や国民が自らの文化的アイデンティティを自覚することの重要性などに鑑み、顕著な普遍的価値は求められないことになった。

第2に、無形文化遺産の国内的保護には、条約上、明確にコミュニティ・集団・関連民間団体の参加が要請されている。[16]無形文化遺産の担い手は、伝統に根ざした集団であり、こうしたアクターの参加なくしては遺産の保護は不可能である。世界遺産の登録までのプロセスや保護においても地元協力者は重要な要素であるが、無形文化遺産の場合はそれを担うコミュニティの存在がむしろ前提となっている。「締約国は、無形文化遺産の保護に関する活動の枠組みの中で、無形文化遺産を創出し、維持し及び伝承する社会、集団及び適当な場合には個人の広範な参加をできる限り確保するよう努め、並びにこれらのものをその管理に積極的に参加させるよう努める」ことを義務としている。

第3に、条約の実施体制の相違である。世界遺産条約と異なり、条約の運営を行う政府間委員会のメンバーには公平な地理的配分が求められている。無形遺産条約の政府間委員会は24の締約国で構成される（ただし締約国が50国に達す

第6章　21世紀における遺産保護

るまでは18国）が、5つの地域グループごとに最低含まれる委員の数が決められている。各グループの委員は西欧3、東欧5、ラテンアメリカ4、アジア太平洋4、アフリカ5、アラブ3である。またユネスコ総会の権限は、世界遺産条約の場合よりも強いものになっている。

　第4に、世界遺産条約のような固定的な助言団体をもたないことである。世界遺産条約では、文化遺産についてはICOMOS、自然遺産についてはIUCNという民間の諮問団体が、世界遺産登録のための世界遺産委員会での審議に先立ち、遺産登録の是非について意見を世界遺産センターに提出する。それに対して、無形文化遺産については、対象となる遺産の種類が多岐にわたることなどから、特定の民間団体に依頼することなく、無形文化遺産の種類に応じて様々な団体の意見を参考にすることになった。多様な文化遺産を様々な民間団体が審査する体制は新たな試みである。

　最後に、世界遺産条約ではあまり問題とならなかった知的所有権との関係である。世界的に知られていない伝統の民芸、文様、音楽あるいは薬草に関する伝統的知識などを国際的に保護することは、先進国のソフト産業や音楽業界、製薬会社にとって利益に反することが懸念され、こうした企業は先進国政府に対して条約反対のロビイングも行った。そのため、条約では知的所有権および生物学的・生態学的な資源の利用に関しては、既存の国際文書に影響を与えないことが規定されている。

3　世界遺産と無形文化遺産の関係

　2002年にイスタンブールで開催された文化大臣による円卓会議において、「文化遺産へのアプローチは、有形遺産と無形遺産の間のダイナミックなつながりと深い相互依存関係を考慮した包括的なものであるべきだ」との宣言が出された。世界遺産は、その物質的な側面だけを保護しようとしても十分ではなく、世界遺産をとりまくコミュニティの無形文化が、有形の世界遺産を実質的に支えている場合は多い。

　先に引用した1994年の「奈良文書」は、有形の世界遺産に関するものではあるが、文化遺産の多様性を価値とし、その保護の責任は、第一義的に文化を生

み出した社会やコミュニティにあるということを示していた。その点で無形遺産保護への布石のような意味合いを読み取ることもできる。

　文化と遺産の多様性は、人類のかけがえのない知的・精神的な豊かさの源であり、その多様性を保護し促進することは人類の発展の重要な側面である。文化と遺産の多様性は、時間と空間の中に見出され、他の文化やその信仰体系のあらゆる側面を尊重することを求める。すべての文化と社会は、遺産を構成する有形・無形の固有な形式や手法に根差しており、それらは尊重される。個々の文化遺産は、すなわち人類の文化遺産であるというユネスコの基本原則を確認することは重要である。文化遺産とその保護に関する責任は、第一義的にはそれを創出したコミュニティに属する。それに加えて、文化遺産の保護のために起草された国際的な憲章や条約に参加した当事者は、それに基づく原則と責任を考慮することを義務づけられる。他の文化的なコミュニティの要求と、自らの文化的コミュニティの要求を均衡させることが、それが基本的な文化的価値を傷つけない範囲で強く望まれる。

　2008年のイクロムの会長による講演の中でも「無形遺産は、有形遺産が形と意味をもつための、より大きな枠組み」であることが確認されている[17]。有形と無形の関係を象徴する典型的なものは、すでに紹介した「トンガリロ国立公園」や「ウルル＝カタジュタ」、またアジアではフィリピンの「コルディリェーヤの棚田」や中国雲南省の「麗江古城」（1997年）であろう。コルディリェーラの棚田では、イフガオ族の女性たちが歌う伝統的な歌謡を通して、棚田の農業技術や知識が伝承されていた。棚田は現在、後継者不足等の理由で遺産の維持が難しいとして危機遺産リストに載せられている。中国雲南省の「麗江古城」は、茶馬古道と南のシルクロードの交差する地理的要所にあった歴史都市である。この都市の価値と魅力は、少数民族ナシ族が現在でも使用する象形文字トンバやナシ古楽という民族音楽、独特の民族衣装など、人々の伝統的な生活に支えられている。世界遺産登録前の1996年に発生した地震による被害から見事に復旧した麗江古城は、中国の歴史都市の世界遺産登録が観光地としての成功をもたらした実例である。しかし同時に、観光地化がもたらす様々な変化によるダメージをも受けてきた。麗江は、現在、水路の汚染やトンバ以外の文字による看板の増加など新たな課題に直面している。

　しかし他方で、無形文化遺産の保護を途上国や少数民族に求めることは、彼

らを先進国の知識人の価値観や知的刺激のために近代化から遠ざけるのではないかという批判もある。文化的多様性の保護をめぐる過去の議論も、この点が争点となっている。無形文化遺産の保護は、国際的な支援を通して、そこに住む人々の自覚を促しながらも、最終的には彼らの自主性に委ねられることになろう。

5 危機遺産の保護と国際協力

1 危機遺産リスト

　世界遺産としての価値が損なわれる危機にある遺産のリストを「危機遺産リスト」（List of World Heritage in Danger, 図表6-4）と呼び、世界遺産委員会が認定を行う。2010年末現在34の危機遺産がリストに掲載されている。

　遺産に対する脅威は、第1に、市街化・開発・観光地化等の影響で、先進国の都市や人口爆発する途上国の都市に多い。第2に、地域紛争や難民の発生による破壊や森林伐採である。危機遺産の約半数はアフリカにあるが、そのアフリカの25％が地域紛争や政治的不安定に起因する被害にさらされている。第3に、自然災害や気候変動あるいはその他の環境変化によるものである。洪水や土壌の変化、塩害、海面上昇、砂漠化、砂塵などによる直接的な影響のほか、そうした要因で住環境が変化し文化遺産を支えるコミュニティの離散が起こる場合もある。第4に、盗掘や保護管理不備、後継者不足といった人為的要因である。最後の点については、遺産の保護・保存の重要性についての教育の重要性がユネスコによって指摘されている。

　世界遺産条約は、加盟国に対し、世界遺産の保護・保存について計画書を策定し、6年に1回報告書を提出することを義務づけている。そのほかに世界遺産の近くで開発を行ったり、災害が起きたりした場合にも報告義務を課している。ユネスコは遺産保護の改善や保全のための勧告を出し、当該国はその経過を報告することが義務づけられる。後述する「世界遺産基金」から財政支援を行うこともできる。

　しかし世界遺産の数の増加に伴って、すべての遺産をモニタリングすること

図表6-3　危機遺産リストに載った遺産
SITES ON LIST OF WORLD HERITAGE IN DANGER (1979-2010)

出典：Norld Heritage Challenges for the Millennium UNESCO 2007をもとに著者作成。

は実際には困難となりつつある。危機遺産のリストも近年30件前後にとどまっているが、これも遺産の価値が損なわれる危機の度合いがかなり高い物件のリストであり、その以外の遺産が十分保護されているということを意味しない。

　いったん危機遺産リストに載った後、危機を脱したと判断され危機遺産リストから削除された物件もこれまでに30件近くある。しかし当事国や関係自治体の対応によっては、世界遺産リストからも抹消された事例も2件ある。2007年の世界遺産委員会では、中東オマーンの「アラビアオリックス保護区」（1994年登録）が、世界遺産から初めて抹消されるという事態に至った。保護区内で石油採掘が行われてアラビアオリックスの生息地が脅かされていることが指摘されていたが、オマーンはあえて世界遺産からの抹消を選んだのである。また2009年の世界遺産委員会では、ドイツの「ドレスデン・エルベ渓谷」（2004年登録）を世界遺産から抹消した。ドレスデンが、交通渋滞解消のため、エルベ渓谷の鉄橋工事を着工したのに対し、世界遺産委員会から勧告が出され、2007年に危機遺産リストに載せられた。橋の着工は住民投票に基づいていたが、当時住民は、架橋工事が世界遺産登録抹消につながることを知らされていなかった。その後連邦政府の説得にも関わらず、ドレスデン市によって工事は続行され、

第6章　21世紀における遺産保護

2009年の世界遺産委員会で登録抹消されることが決まった。同じドイツの世界遺産で、一時危機遺産リストに挙がったケルンの大聖堂については、高層ビルの建築計画を修正することで、遺産登録からの抹消を回避している。先進国の場合、世界遺産登録からの抹消を不名誉としてそれを回避しようとする事例がほとんどであったが、ドレスデンは例外となった。今後、経済的な利権や利便性との関係で世界遺産登録のメリットは小さいと判断され、リストからの抹消を選択する事例がでることも想定される。

アラビアオリックス
（写真提供：mathknight）

　無形文化遺産についても、有形の世界遺産の危機遺産リストに当たる「緊急に保護する必要がある遺産目録」がある。無形文化遺産保護条約では、緊急の保護を要する遺産のリストは、通常の登録リスト以上に重要だとみなされている。世界遺産の危機遺産リストへの記載は登録国にとって不名誉とされがちであるが、無形文化遺産の場合は、国際的な保護や協力を要請し支援を受けるといった性格が強い。無形文化遺産が危機に瀕している理由は、市街化や開発といった当事国にその責任が帰せられる要因だけでなく、グローバル化や、グローバルなメディアの影響といった外的要因による場合が多く、国際協力がより強く求められるのである。2010年8月現在、12件の無形文化遺産がこのリストに掲載されている。中国3、モンゴル3などアジアに多いが、先進国フランスのコルシカ島の口承伝統も緊急の保護を要するリストに載せられている。[18]

2　世界遺産基金

　ユネスコには財政的に困難な状況にある国の世界遺産を保全するために「世

第Ⅱ部　世界遺産を学ぶ

図表 6-4　危機遺産リスト

	危機遺産リスト（2010年現在、34件、＊は自然遺産）		危機遺産リストへの登録年と主な理由	
1	エルサレムの旧市街とその城壁群	イスラエル	1982	紛争
2	チャン・チャンの遺跡地帯	アフガニスタン	1986	環境
3	マナス野生動物保護区＊	インド	1992	紛争・密猟
4	ニンバ山地厳正自然保護区＊	コートジボワール／ギニア	1992	環境・開発
5	アイールとテネレの自然保護区群＊	ニジェール	1992	紛争・密猟
6	ヴィルンガ国立公園＊	コンゴ民主共和国	1994	紛争
7	シエミン国立公園＊	エチオピア	1996	紛争・環境
8	ガランバ国立公園＊	コンゴ民主共和国	1996	密猟
9	オカピ野生生物保護区＊	コンゴ民主共和国	1997	密猟
10	カフジ＝ビエガ国立公園＊	コンゴ民主共和国	1997	紛争・環境
11	マノボ＝グンダ・サンフローリス国立公園＊	中央アフリカ	1997	紛争・密猟
12	サロンガ国立公園＊	コンゴ民主共和国	1999	紛争・密猟
13	ザビドの歴史地区	イエメン	2000	開発
14	ラホール城とシャーリマール庭園	パキスタン	2000	開発
15	聖都アブ・メナ	エジプト	2001	開発・環境
16	コルディリェーラ山脈の棚田群	フィリピン	2001	人手不足
17	ジャムのミナレットと考古遺跡群	アフガニスタン	2002	盗掘・環境
18	アッシュール	イラク	2003	開発
19	コモエ国立公園＊	コートジボワール	2003	紛争・密猟
20	バーミヤン渓谷の文化的景観と古代遺跡群	アフガニスタン	2003	紛争
21	キルワ・キシワニとソンゴ・ムナラ遺跡	タンザニア	2004	環境
22	バムとその文化的景観	イラン	2004	地震
23	コロとその港	ヴェネズエラ	2005	災害
24	ハンバーストーンと　　　　　　　　　　サンタ・ラウラの硝石工場群	チリ	2005	管理不備
25	コソヴォの中世建造物群	セルビア	2006	紛争・管理不備
26	古代都市マッサーラ	イラク	2007	紛争
27	ニョコロ・コバ国立公園＊	セネガル	2007	環境
28	ベリーズ・バリアリーフ＊	ベリーズ	2009	開発
29	ロス・カティオス国立公園＊	コロンビア	2009	違法伐採
30	ムツヘタの文化財群	グルジア	2009	管理不備
31	カスビのブガンダ歴代国王の墓	ウガンダ	2010	火災
32	バグラティ大聖堂とゲラティ修道院	グルジア	2010	再建計画不備
33	エバーグレーズ国立公園＊	アメリカ合衆国	2010	環境
34	アツィナナナの雨林＊	マダガスカル	2010	違法伐採

界遺産基金」という信託基金が設けられている。これは締約国からの分担金の一部と個人や団体、法人からの寄付金などを財源としてユネスコが管理しており、2010年の予算として約800万ドル準備された。[19] 世界遺産基金に支援を求めることができるのは、①世界遺産への申請のための準備や事前調査、②大規模災害や事故、武力紛争などによって損害を受けた遺産の修復、③世界遺産の保存に携わる技術者や専門家の養成、研修、④世界遺産に関する国際協力を促進し、理念を伝える広報活動に限定される。

国際的援助は、危機遺産リストに記載されている遺産に優先的に割り当てられ、そのための特別予算枠が設けられている。世界遺産基金に対して分担金未払いがある締約国は、緊急の場合を除いて国際的援助を受けることができない。世界遺産委員会は、地域別計画で設定された優先順位に従って国際援助の供与を決定する。

また日本政府は、2000年に「ユネスコ人的資源開発日本信託基金」を設立し、広くユネスコの人づくり事業に協力してきた。また2006年に「海外の文化遺産保護に係わる国際的協力の推進に関する法律」を施行して文化遺産保護に積極的な協力を展開してきた。こうした国際協力の文化的側面は、ユネスコの世界遺産委員会などでの日本の評価を高めることにもつながる。また無形文化遺産に関しても、無形文化遺産条約が採択される以前の1993年から、「無形文化財保存・振興日本信託基金」を設立して、アジア太平洋地域を中心に伝統工芸や伝統芸能、少数言語の保護などにあたっている。

6　結びにかえて——世界遺産保護の新局面

上述のように、世界遺産条約による遺産の保護は、90年代から徐々に新しい要素が加えられている。21世紀を迎えた今日、グローバル化と技術革新にともない、世界遺産や無形文化遺産は、本来の目的を越えて、開発や観光、さらには新薬開発、知的所有権などの経済的側面、また環境問題との関係など、多様な見地から注目されている。

従来、自然遺産における生物多様性の保護は、科学者の関心の対象にとどま

っていたが、近年、遺伝子を用いた製品開発につながる潜在的資源として商業的見地からも注目されている。南米や東南アジアは未発見の動植物の宝庫であり、こうした地域の自然環境の保全は将来的に人類に利益をもたらす可能性がある。また先住民の知識や工芸は、人類学者の研究対象になるだけではなく、新薬の開発、斬新な芸術的モチーフを先進国の人々に提供してくれる。ただし、先住民の資源や文化に関する権利問題は未解決の部分が大きい。

　途上国の開発と文化遺産保護の関係では、従来、伝統的な文化や習慣に固執することは開発と相いれないばかりか、人権問題でもあると考えられてきた。しかし近年、文化的多様性は様々な経済的価値と結びつく可能性が指摘されている。文化的多様性をテーマとして取り上げた2004年の『人間開発報告書』では、文化の多様性を認めることが民族紛争の要因になるという単純な思考の誤りを指摘している。また多民族国家は相対的に発展する能力が低い、あるいは文化によって企業家精神に富んでいるものとそうでないものがあるという見解についても実例をあげて批判している[20]。

　地域経済の発展や観光客の誘致は、企業や地方政府がいだく世界遺産への関心の中心的な部分を占めている。世界の観光客受け入れ数の上位国は、多くの世界遺産をもつ国であることも事実である。観光収入の増加など直接的な効果以外にも、世界遺産や無形文化遺産をもつコミュニティが地域の遺産の価値を再認識することで自尊心を培い、それが地域活性化という間接的効果をもたらすと期待される。観光地化による弊害を減らし、経済効果を遺産保護の費用に還元するなど、観光と保護の両立をはかるシステムを考えていくことが求められる。

　国際関係の視点からは、世界遺産条約はやや特殊な領域である。世界遺産委員会での遺産登録などの意思決定では、他の国際機関と比較し、大国の発言力にも圧倒的な強さはない。それは世界遺産登録などユネスコの任務や権限が、外交安保や貿易交渉と同等の譲りがたい国益と関連することは稀だからでもある。世界遺産登録には、様々な専門的資料やデータに基づき遺産のもつ価値をいかに証明して、委員会を説得するかという「言説」にかかっている。世界遺産委員会では、これまでも独自の遺産保護政策を展開するイタリア、カナダ、

第6章　21世紀における遺産保護

オーストラリア、ケニアなど中堅国や、その国の専門家が積極的な役割を果たしてきた。過去の議論の流れや方向性を熟知しながら、時代にあった新たな視点から価値評価を示すことで、世界遺産のグローバルなガバナンスにおいて一定のリーダーシップを発揮することができる。文化力の発信を掲げる日本は、今後もこうした役割を積極的に担っていくことが求められる。

1) *Global Strategy for a Balanced, Representative and Credible World Heritage List.* (20-22 June 1994) 世界遺産委員会（第18回）で採択された。
2) The International Committee of the Conservation of Industrial Heritage
3) International Day of the Remembrance of the Slave Trade and of its Abolition.
4) Documentation and Conservation of buildings, sites and neighborhoods of the Modern Movement. 本部はパリで、1998年には日本支部が設立されている。
5) http://www.meti.go.jp/policy/local_economy/nipponsaikoh/nipponsaikohsangyouisan.htm（経済産業省HP）
6) Operational Guidelines for the Implementation of the World heritage Convention, UNESCO World Heritage Centre, WHC. 08/01, January 2008.
7) ユネスコは、人間と生物圏計画（MAB, Program on Man and the Biosphere）計画に基づいた生物圏保存地域を指定している。
8) 正式には、「特に水鳥の生息地として国際的に重要な湿地に関する条約」、Convention on wetlands of international importance especially as waterfowl habitat, 1971.
9) 西村幸夫「国境を越える世界遺産とは」『世界遺産年報2009』日本ユネスコ協会連盟、日経ナショナルジオグラフィック。
10) 稲葉信子「シリアル・ノミネーションとは何か」『世界遺産年報2010』日本ユネスコ協会連盟、東京書籍。
11) *Report on serial nominations and properties,* WHC-10/34. COM/9B.
12) The Recommendation on the Safeguarding of Traditional Culture and Folklore.
13) Proclamation of Masterpieces of the Oral and Intangible Heritage of Humanity.
14) 日本の文化財保護法では、演劇・音楽・工芸技術その他の無形の文化的所産で、日本にとって歴史上又は芸術上価値の高いものを「無形文化財」としている。その中から「重要無形文化財」を指定し、その保持者又は保持団体を認定する。個人で認定される保持者を人間国宝と呼んでいる。
15) 日本から登録された無形文化遺産については、堀敏治、今井健一朗「ユネスコ無形文化遺産保護条約第4回政府間委員会の報告——我が国の無形文化遺産保護条約への対応」『月間文化財』平成21年12月号、41-47頁。
16) 安江則子「ユネスコによる文化遺産保護へのアプローチとその変容」『慶應の政治学』

国際政治編、慶應義塾大学出版会、2008年、320頁。
17） M. Bouchenaki, "The 2003 UNESCO Convention for the Intangible Cultural Heritage: development of the convention and the first steps of its implementation", Director General, ICCROM, Tokyo Japan, 21 January 2008.
18） List of Intangible Cultural Heritage in Need of Urgent Safeguarding.
19） International Assistance, WHC-10/34. COM/INF. 15.
20） 『人間開発報告書』UNDP, 2004年版。

用語解説

ユネスコ（UNESCO）、国際連合教育科学文化機関
1946年に設立された国連機関。本部はパリ。

世界遺産条約
正式名称は、「世界の文化遺産及び自然遺産の保護に関する条約」1972年に採択。

世界遺産委員会
世界遺産条約締結国から選ばれた21国からなる。世界遺産および危機遺産リストへの登録や抹消を決定する政府間会議。世界遺産基金の管理も行う。

世界遺産センター（WHC）
世界遺産委員会の事務局的機能をもつ機関。ユネスコのパリ本部内にある。

世界遺産暫定リスト
世界遺産リストに推薦する予定があり、加盟国が一定の基準を満たしているとしてユネスコに推薦した物件リスト。

インテグリティ（完全性）
遺産の価値を構成する必要な要素がすべて含まれていること、および遺産の保護のための法制度が確立していること。

オーセンティシティ（真正性）
文化遺産がもつ芸術的、歴史的価値。修復に際して材料や工法がオリジナリティを損ねると失われることがある。

IUCN（国際自然保護連合）
1948年設立。自然環境保全に関する国際組織。自然遺産の調査や登録のための審査を行う機関。本部はスイス。

ICOMOS（国際記念物遺跡会議）
1965年ヴェネチア憲章に基づき設立。文化遺産（遺跡・建造物・記念物）の調査や世界遺産登録のための審査を行う民間機関。

ICCROM（文化財保存修復研究センター）
1959年に設立。文化財の保存や修復技術の向上に関する研究と助言、技術者の養成などを行う政府間機関。本部はローマ。

奈良文書
オーセンティシティの新たな解釈が示された文書。1994年、ユネスコ、ICCROM、ICOMOSの共催による会議で採択された。

グローバル・ストラテジー
1994年の世界遺産委員会で採択された。正式には「近郊で代表性、信頼性のある世界遺産リスト構築のためのグローバル・ステラテジー」。西欧キリスト教文化に集中しがちだった遺産リストの是正を目指す。

危機遺産リスト
様々な理由によりその価値を損ねるような重大な危険に瀕していると世界遺産委員会が認定した遺産のリスト。

世界遺産基金
世界遺産を保護するために設置された基金。危機遺産に優先的に支出される。

文化的景観
1992年にサンタフェの世界遺産委員会で新たに加えられた文化遺産の概念で、自然と融和した形で人間が造形した景観と指す。公園、信仰の山、ブドウ畑、棚田など。

産業遺産（近代化遺産）
歴史的・技術的・社会的・建築学的または科学的価値のある産業文化の遺産。

文化財保護法
1950年に施行された日本の文化財を保護し、その活用によって国民の文化的向上に資することを目的とした法律。

シリアルノミネーション
連続した遺産。地理的に離れた一連の複数の遺産を、同一の文化圏に属するなどの理由で、一つの遺産として登録すること。

無形文化遺産保護条約
民俗の芸能、工芸、口承伝統などの無形文化遺産を保護するためのユネスコ条約。2003年採択、2006年発効。

参考文献

著書・論文
- 大西國太郎『都市美の京都――保存・再生の論理』鹿島出版会、1992年
- 河野俊行「文化的多様性をいかに読むか――その背景と今後」『文化庁月報』2006年1月号
- 国土文化研究所編、NPO災害から文化財を守る会監修『日本の心と文化財――災害から守り未来へつなぐ』アドスリー出版、2005年
- 佐滝剛弘『世界遺産の真実』祥伝社、2009年
- 高山陽子『民俗の幻影――中国民族観光の行方』東北大学出版会、2007年
- 寺前秀一『観光政策学――政策展開における観光基本法の指針及び観光関連法制度の規範性に関する研究』イプシロン出版企画、2007年
- 西村幸夫『風景論ノート』鹿島出版、2008年
- 松浦晃一郎『ユネスコ事務局長奮闘記』講談社、2004年
- 松浦晃一郎『世界遺産――ユネスコ事務局長は訴える』講談社、2008年
- 溝尾良隆『観光学全集第一巻　観光学の基礎』原書房、2009年
- 宗田好史編著・共訳『RE　特集・都市再生』No.140、建築保全センター、2003年
- 安江則子「ユネスコによる文化遺産保護へのアプローチとその変容」『慶応の政治学（国際政治編）』慶応義塾大学出版会、2008年
- 安村克己『観光――新時代をつくる社会現象』学文社、2001年
- 山村高淑他『世界遺産と地域振興――中国雲南省麗江に暮らす』世界思想社、2007年
- 立命館大学文化遺産防災学「ことはじめ」篇出版委員会『文化遺産防災学』アドスリー出版、2008年
- レヴィ＝ストロース『レヴィ＝ストロース講義』（川田順三、渡辺公三訳）、平凡ライブラリー、2005年
- UNESCO, World Heritage: Challenges for the Millennium, 2007.

定期刊行雑誌・その他
- 文化庁『月刊文化財』
- ユネスコ協会連盟『世界遺産年報』
- シンクタンクせとうち総合研究所編、世界遺産シリーズ『世界遺産ガイド』

索　引

【あ　行】

IUCN（国際自然保護連合）　16, 34
明日の京都：文化遺産プラットフォーム　99
アテネ憲章　52
アラビアオリックス保護区　166
イクロム（ICCROM）　45, 95
イコモス（ICOMOS）　16, 20, 34, 45, 113, 114
石見銀山遺跡とその文化的景観　39, 155
インテグリティ（完全性）　19, 34, 57
ウィーン・メモランダム　50, 58, 67
ウィーンの歴史地区　56
ヴェニス憲章　53, 60
雲南省麗江古城保護条例　140
エコツーリズム推進法　110
オーセンティシティ（真正性）　8, 19, 34, 45, 136, 138

【か　行】

観光基本法　106
観光立国推進基本法　101, 107
紀伊山地の霊場と参詣道　39, 102, 111
危機遺産リスト　24, 165
京都市市街地景観条例　61
近代化遺産　60, 152
近代化産業遺跡群　156
グローバル・ストラテジー　153, 154
景観法　59
継続する景観　36, 39
傑作宣言　11, 162
顕著な普遍的価値　7, 8, 34, 159, 162
国際知的協力委員会　29
国際連合世界観光機関　107
国　宝　77, 79, 80, 84
古都京都の文化財　11, 49, 63, 104
古都保存法　59, 63

【さ　行】

産業遺産　152
産業遺産憲章　152
産業遺産保存委員会　152
残存する景観　36, 39
暫定遺産　25, 101
暫定リスト　6, 34, 37
CIAM（近代建築国際会議）　52
ジェントリフィケーション　69
持続可能な観光　109
持続可能な観光計画　102, 104
持続的な観光　22
重要文化財　77
重要文化的景観　42
シリアル・ノミネーション　157, 159
人類の口承および無形遺産に関する傑作宣言　160
生物多様性　170
世界遺産委員会　4, 6　17, 34
世界遺産基金　25, 169
世界遺産条約　4, 28, 127, 156, 170
世界遺産条約履行のためのガイドライン　157
世界遺産条例　115
世界寺子屋運動　30
世界歴史都市会議　62

【た　行】

中華人民共和国文物保護法　131
東巴（トンバ）文化　132, 145, 146
ドコモモ（DOCOMOMO）　154
ドレスデン（エルベ）渓谷　70, 166
トンガリロ（国立公園）　5, 38

【な　行】

ナシ古楽　146, 148
ナシ族　164

177

奈良文書　8, 45, 46, 163
　　世紀の建築　154
人間開発報告書　170

【は　行】

バッファゾーン（緩衝地帯）　23, 34, 67
バラ憲章　53
阪神・淡路大震災　80, 84, 86
フィレンツェ条約（欧州景観条約）　54, 55, 67
複合遺産　32
富士山　22, 25, 40
負の遺産　154
文化遺産防災学　94
文化財保護法　9, 15, 35, 40, 44, 60, 63, 82, 88, 160
文化首都　55
文化的景観　5, 6　8, 24, 25, 28, 36, 40, 60, 109, 110
文化的表現の多様性についての世界宣言　4, 7
紛争下における文化財保護条約　12
文明の衝突　30
ヘルスツーリズム　121

【ま　行】

マス・ツーリズム　107
マドリッド憲章　52
無形文化遺産　8, 9　162
無形文化遺産条約　7, 160, 161
無形文化遺産政府間委員会　161

【や　行】

ユネスコ（UNESCO）　2, 29
ユネスコ憲章　29
ユネスコ人的資源開発日本信託基金　169
ユネスコ世界遺産センター（WHC）　50, 58, 112

【ら　行】

ル・コルビジュエ　159
麗江様式　126, 144, 145
レヴィ＝ストロース　ii, iii, iv, 47
歴史的都心部　53, 61, 62, 66, 68
歴史まちづくり法　59

【わ　行】

ワシントン憲章　54

執筆者紹介

(執筆順、＊は編著者)

松浦晃一郎 (まつうらこういちろう)	前ユネスコ事務局長	第Ⅰ部 講　演
＊安江 則子 (やすえ　のりこ)	立命館大学政策科学部教授	第Ⅱ部 第1章・第6章
宗田 好史 (むねた　よしふみ)	京都府立大学生命環境学部准教授	第Ⅱ部 第2章
土岐 憲三 (とき　けんぞう)	立命館大学教授・歴史都市防災研究センター長	第Ⅱ部 第3章
峯俊 智穂 (みねとし　ちほ)	大阪観光大学観光学部専任講師	第Ⅱ部 第4章
揚　路 (やん　るー)	中国雲南省人民政府職員	第Ⅱ部 第5章

Horitsu Bunka Sha

2011年5月10日　初版第1刷発行

世界遺産学への招待

編著者　安江則子
　　　　　やす え　のり こ

発行者　田靡純子

発行所　株式会社 法律文化社
〒603-8053　京都市北区上賀茂岩ヶ垣内町71
電話 075(791)7131　FAX 075(721)8400
URL:http://www.hou-bun.com

©2011 Noriko Yasue Printed in Japan
印刷：共同印刷工業㈱／製本：㈱藤沢製本
カバー原画　小池壮太
ISBN978-4-589-03345-1

遠州尋美編著
低炭素社会への選択
―原子力から再生可能エネルギーへ―
A5判・262頁・2730円

加速する地球温暖化にどうやって歯止めをかけるのか。低エネルギー社会を築き，脱化石をめざすには原発依存か，自然エネルギーの促進か。様々な視点と取り組みから，エネルギー政策をめぐる争点とその未来を考える。

平井一臣著
首　長　の　暴　走
―あくね問題の政治学―
四六変型判・176頁・2100円

橋下知事，河村市長…なぜ，「改革派」首長が支持されるのか。阿久根市と竹原市長の思想や言動の特徴を3つの視点―①マスコミの危機②ジェラシーの政治③政治指導のあり方―で考察。日本の政治・社会の困難さ・危うさを解明する。

水口憲人著
都 市 と い う 主 題
―再定位に向けて―
A5判・200頁・3360円

都市を主題化するアプローチや都市をめぐる言説を整理し，都市論再定位へ向けての視角と方法論の提示を試みる。コミュニティ・自然・空間を都市計画の思考や実践がどのように扱ってきたのかを批判的に検討する。

江口隆裕著〔社会保障・福祉理論選書〕
「子ども手当」と少子化対策
A5判・214頁・3045円

少子化対策先進国フランスの家族政策の思想と展開を批判的に分析するとともに，わが国の少子化対策について，戦前の人口政策から最新の「子ども手当」まで諸施策の問題点をこれからの福祉国家像をふまえ解明する。

辻村みよ子著
憲法から世界を診る
―人権・平和・ジェンダー〈講演録〉―
四六判・182頁・1995円

憲法理論をベースに人権・平和・ジェンダーの関係を整理し，市民主権による平和構築の必要性と，ジェンダー平等社会へ向けた課題と展望について熱く語った著者初の講演録。憲法原理が体現される社会へ向けた渾身のメッセージ。

―― 法律文化社 ――

表示価格は定価（税込価格）です